초등 수학의 기초

신기한 연산왕

A-1

초1 수준

초등 수학의 기본은 연산력!!

신기한

연산왕

A-1 초1 수준

구성과 특징

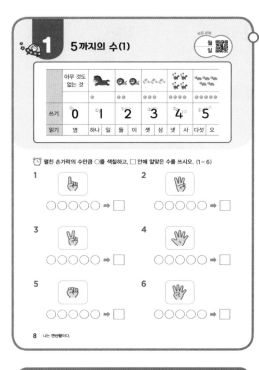

원리+익힘

연산의 원리를 쉽게 이해하고 빠르고 정확한 계산 능력을 얻을 수 있도록 구성하였습니다.

신기한 연산

연산 능력과 창의사고력 향상이 동시에 이루어질 수 있는 문제로 구성하여 계산 능력과 창의사고력이 저절로 향상될 수 있도록 구성하였습니다.

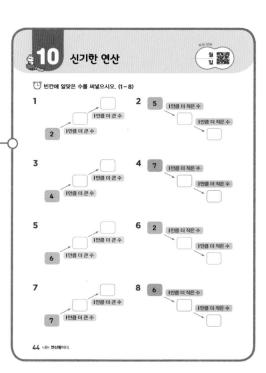

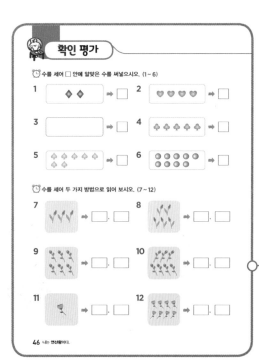

확인평가

단원을 마무리하면서 익힌 내용을 평가하여 자신의 실력을 알아볼 수 있도록 구성하였습니다.

크라운 온라인 단원 평가는?

크라운 온라인 평가는?

단원별 학습한 내용을 올바르게 학습하였는지 실시간 점검할 수 있는 온라인 평가 입니다.

- 온라인 평가는 매단원별 25문제로 출제 되었습니다
- 평가 시간은 30분이며 시험 시간이 지나면 문제를 풀 수 없습니다
- 온라인 평가를 통해 100점을 받으시면 크라운 1개를 획득할 수 있습니다.

온라인 평가 방법

에듀왕닷컴 접속 www.eduwang.com	⟫	메인 상단 메뉴에서 단원평가 클릭	⟫	단계 및 단원 선택
신규 회원 가입 또는 로그인		닷컴 메인 메뉴에서 단원 평가 클릭		평가하고자 하는 단계와 단원을 선택

크라운 확인	⟪	온라인 단원 평가 종료	⟪	온라인 단원 평가 실시
마이페이지에서 크라운 확인 후 크라운 사용		종료 후 실시간 평가 결과 확인		30분 동안 평가 실시

유의사항

- 평가 시작 전 종이와 연필을 준비하시고 인터넷 및 와이파이 신호를 꼭 확인하시기 바랍니다
- 단원평가는 최초 1회에 한하여 크라운이 반영됩니다. (중복 평가 시 크라운 미 반영)
- 각 단원 평가를 통해 100점을 받으시면 크라운 1개를 드리며, 획득하신 크라운으로 에듀왕닷컴에서 판매하고 있는 교재 및 서비스를 무료로 구매 하실 수 있습니다 (크라운 1개 – 1,000원)

연산왕 단계별 학습 내용

A-1 (초1수준)
1. 9까지의 수
2. 9까지의 수를 모으고 가르기
3. 덧셈과 뺄셈

A-2 (초1수준)
1. 19까지의 수
2. 50까지의 수
3. 50까지의 수의 덧셈과 뺄셈

A-3 (초1수준)
1. 100까지의 수
2. 덧셈
3. 뺄셈

A-4 (초1수준)
1. 두 자리 수의 혼합 계산
2. 두 수의 덧셈과 뺄셈
3. 세 수의 덧셈과 뺄셈

B-1 (초2수준)
1. 세 자리 수
2. 받아올림이 한 번 있는 덧셈
3. 받아올림이 두 번 있는 덧셈

B-2 (초2수준)
1. 받아내림이 한 번 있는 뺄셈
2. 받아내림이 두 번 있는 뺄셈
3. 덧셈과 뺄셈의 관계

B-3 (초2수준)
1. 네 자리 수
2. 세 자리 수와 두 자리 수의 덧셈과 뺄셈
3. 세 수의 계산

B-4 (초2수준)
1. 곱셈구구
2. 길이의 계산
3. 시각과 시간

차례

1

9까지의 수

1 5까지의 수(1)

	아무 것도 없는 것					
		●	●●	●●●	●●●●	●●●●●
쓰기	⓵0	⓵↓1	⓵2	⓵3	⓵↙4↓②	⓵↓→② 5
읽기	영	하나 일	둘 이	셋 삼	넷 사	다섯 오

⏰ 펼친 손가락의 수만큼 ○를 색칠하고, □ 안에 알맞은 수를 쓰시오. (1~6)

1

○○○○○ ➡ □

2

○○○○○ ➡ □

3

○○○○○ ➡ □

4

○○○○○ ➡ □

5

○○○○○ ➡ □

6

○○○○○ ➡ □

⏰ 수를 세어 □ 안에 알맞은 수를 써넣으시오. (7 ~ 10)

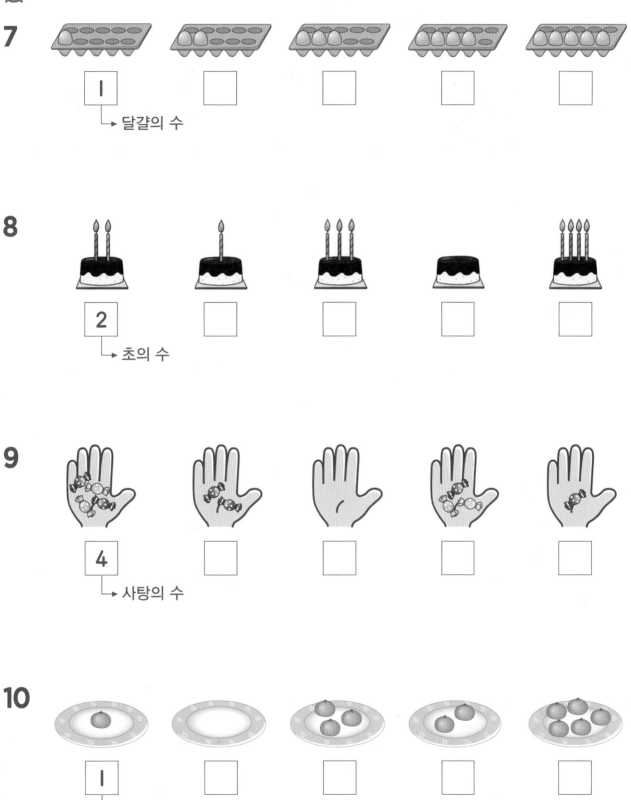

7

1

└ 달걀의 수

8

2

└ 초의 수

9

4

└ 사탕의 수

10

1

└ 귤의 수

1 5까지의 수(2)

⏰ 수를 세어 ○표 하시오. (1~8)

1
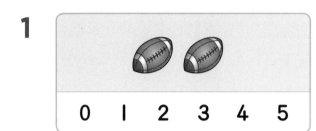

0   1   2   3   4   5

2
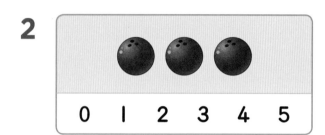

0   1   2   3   4   5

3
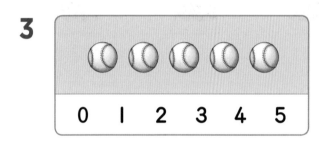

0   1   2   3   4   5

4
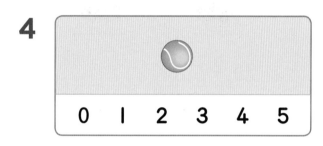

0   1   2   3   4   5

5
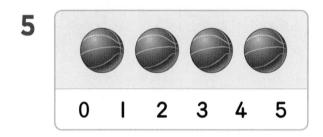

0   1   2   3   4   5

6

0   1   2   3   4   5

7
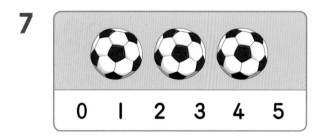

0   1   2   3   4   5

8
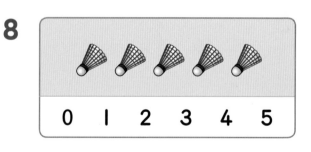

0   1   2   3   4   5

수를 세어 □ 안에 알맞은 수를 써넣으시오. (9 ~ 20)

9  ➡ □

10 ➡ □

11  ➡ □

12 ➡ □

13  ➡ □

14 ➡ □

15  ➡ □

16 ➡ □

17 ➡ □

18 ➡ □

19 ➡ □

20 ➡ □

5까지의 수 읽기(1)

⏰ 수에 알맞게 ○를 그리고 알맞은 말에 △표 하시오. (1~6)

1 (1) ➡ [　　　　　]

(하나 둘 셋 넷 다섯) (일 이 삼 사 오)

2 (2) ➡ [　　　　　]

(하나 둘 셋 넷 다섯) (일 이 삼 사 오)

3 (3) ➡ [　　　　　]

(하나 둘 셋 넷 다섯) (일 이 삼 사 오)

4 (4) ➡ [　　　　　]

(하나 둘 셋 넷 다섯) (일 이 삼 사 오)

5 (5) ➡ [　　　　　]

(하나 둘 셋 넷 다섯) (일 이 삼 사 오)

6 (0) ➡ [　　　　　]

(영 하나 둘 셋 넷 다섯) (영 일 이 삼 사 오)

🕐 ♥의 수를 세어 ○ 안에 알맞은 수를 써넣고 □ 안에 알맞은 말을 써넣으시오.

(7 ~ 12)

7 [♥ □ □ □ □] ➡ ○

([　] 둘 셋 넷 다섯) ([　] 이 삼 사 오)

8 [♥ ♥ □ □ □] ➡ ○

(하나 [　] 셋 넷 다섯) (일 [　] 삼 사 오)

9 [♥ ♥ ♥ □ □] ➡ ○

(하나 둘 [　] 넷 다섯) (일 이 [　] 사 오)

10 [♥ ♥ ♥ ♥ □] ➡ ○

(하나 둘 셋 [　] 다섯) (일 이 삼 [　] 오)

11 [♥ ♥ ♥ ♥ ♥] ➡ ○

(하나 둘 셋 넷 [　]) (일 이 삼 사 [　])

12 [□ □ □ □ □] ➡ ○

([　] 하나 둘 셋 넷 다섯) ([　] 일 이 삼 사 오)

🕐 수를 세어 알맞은 말에 ○표 하시오. (1~10)

1

영 하나 둘 셋 넷 다섯

2

영 일 이 삼 사 오

3

영 하나 둘 셋 넷 다섯

4

영 일 이 삼 사 오

5

영 하나 둘 셋 넷 다섯

6

영 일 이 삼 사 오

7

영 하나 둘 셋 넷 다섯

8

영 일 이 삼 사 오

9

영 하나 둘 셋 넷 다섯

10

영 일 이 삼 사 오

계산은 빠르고 정확하게!

걸린 시간	1~4분	4~6분	6~8분
맞은 개수	21~22개	15~20개	1~14개
평가	참 잘했어요.	잘했어요.	좀더 노력해요.

⏰ 수를 세어 두 가지 방법으로 읽어 보시오. (11 ~ 22)

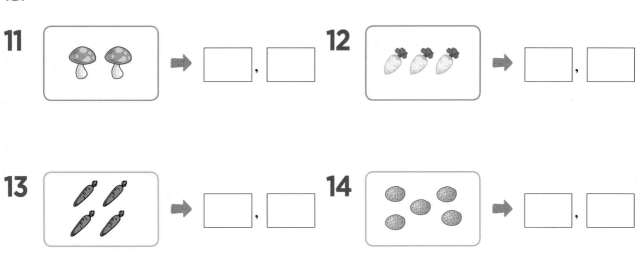

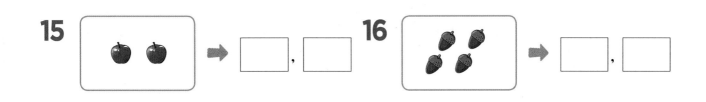

9까지의 수 (1)

쓰기	①6	①↓7②	①8	①9
읽기	여섯 육	일곱 칠	여덟 팔	아홉 구

⏰ 펼친 손가락의 수만큼 ○를 색칠하고, □ 안에 알맞은 수를 써넣으시오. (1~6)

1
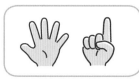

 ➡ □

2
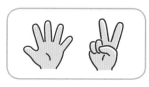

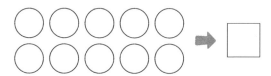 ➡ □

3
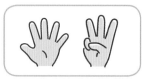

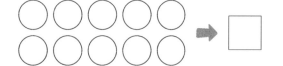 ➡ □

4
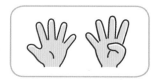

 ➡ □

5
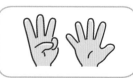

 ➡ □

6

➡ □

⏰ 수를 세어 □ 안에 알맞은 수를 써넣으시오. (7 ~ 10)

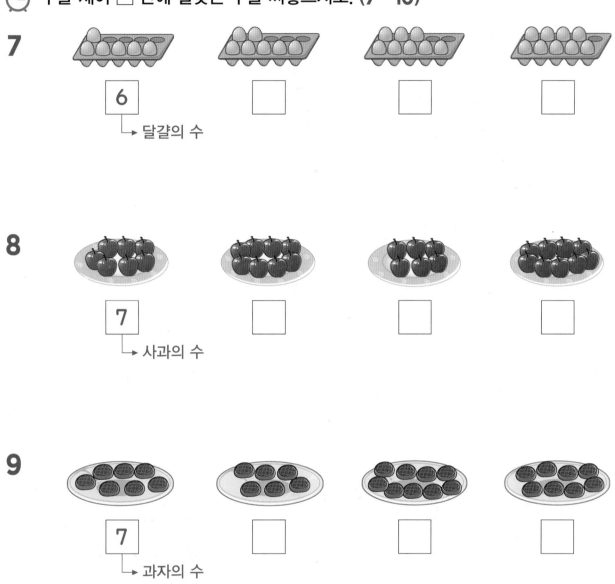

7

6
└→ 달걀의 수

8

7
└→ 사과의 수

9

7
└→ 과자의 수

10

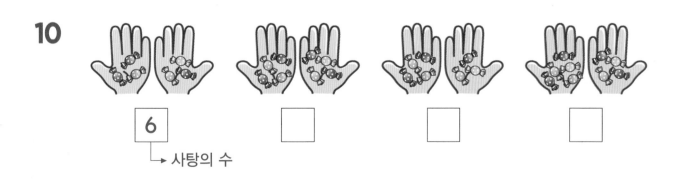

6
└→ 사탕의 수

9까지의 수(2)

🕐 수를 세어 ◯표 하시오. (1~8)

1

6   7   8   9

2
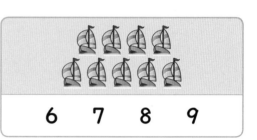
6   7   8   9

3
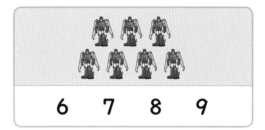
6   7   8   9

4
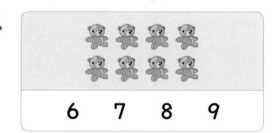
6   7   8   9

5

6   7   8   9

6
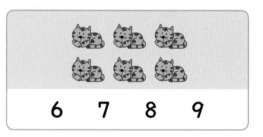
6   7   8   9

7
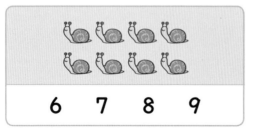
6   7   8   9

8
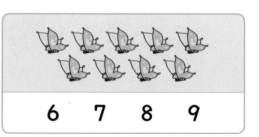
6   7   8   9

계산은 **빠르고 정확하게!**

걸린 시간	1~4분	4~6분	6~8분
맞은 개수	17~18개	14~16개	1~13개
평가	참 잘했어요.	잘했어요.	좀더 노력해요.

⏰ 수를 세어 ☐ 안에 알맞은 수를 써넣으시오. (9 ~ 18)

9 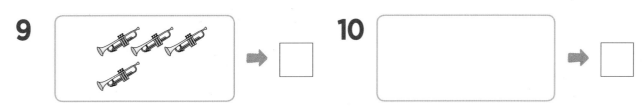 ➡ ☐

10 ➡ ☐

11  ➡ ☐

12 ➡ ☐

13 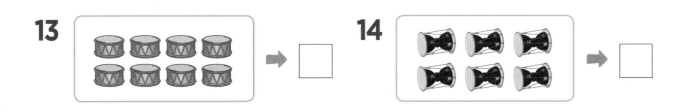 ➡ ☐

14 ➡ ☐

15 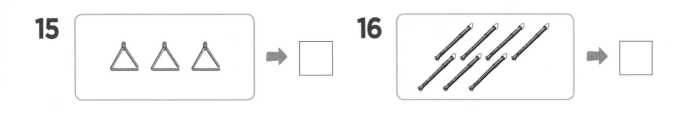 ➡ ☐

16 ➡ ☐

17 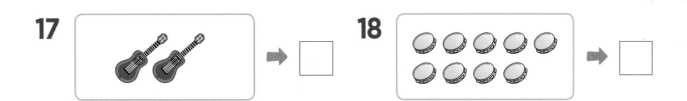 ➡ ☐

18 ➡ ☐

4 9까지의 수 읽기 (1)

⏰ 수에 알맞게 ○를 그리고 알맞은 말에 △표 하시오. (1~4)

1　🚀 **6** ➡

(하나 둘 셋 넷 다섯 여섯 일곱 여덟 아홉)
(일 이 삼 사 오 육 칠 팔 구)

2　✈ **7** ➡

(하나 둘 셋 넷 다섯 여섯 일곱 여덟 아홉)
(일 이 삼 사 오 육 칠 팔 구)

3　🚀 **8** ➡

(하나 둘 셋 넷 다섯 여섯 일곱 여덟 아홉)
(일 이 삼 사 오 육 칠 팔 구)

4　✈ **9** ➡

(하나 둘 셋 넷 다섯 여섯 일곱 여덟 아홉)
(일 이 삼 사 오 육 칠 팔 구)

◆의 수를 세어 ◯ 안에 알맞은 수를 써넣고 ☐ 안에 알맞은 말을 써넣으시오.

(5~8)

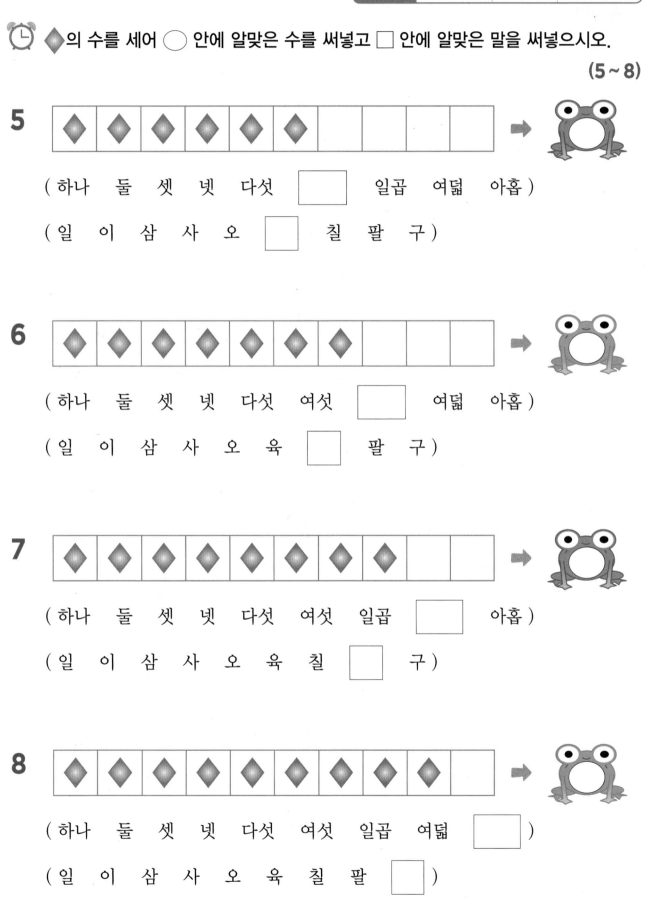

5

(하나 둘 셋 넷 다섯 ☐ 일곱 여덟 아홉)

(일 이 삼 사 오 ☐ 칠 팔 구)

6

(하나 둘 셋 넷 다섯 여섯 ☐ 여덟 아홉)

(일 이 삼 사 오 육 ☐ 팔 구)

7

(하나 둘 셋 넷 다섯 여섯 일곱 ☐ 아홉)

(일 이 삼 사 오 육 칠 ☐ 구)

8

(하나 둘 셋 넷 다섯 여섯 일곱 여덟 ☐)

(일 이 삼 사 오 육 칠 팔 ☐)

4 9까지의 수 읽기 (2)

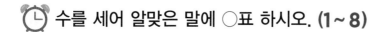

수를 세어 알맞은 말에 ○표 하시오. (1~8)

1

여섯 일곱 여덟 아홉

2

육 칠 팔 구

3

여섯 일곱 여덟 아홉

4

여섯 일곱 여덟 아홉

육 칠 팔 구

5

여섯 일곱 여덟 아홉

6

육 칠 팔 구

7

여섯 일곱 여덟 아홉

8

육 칠 팔 구

⏰ 수를 세어 두 가지 방법으로 읽어 보시오. (9 ~ 16)

9

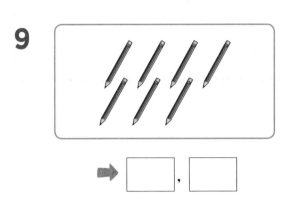

➡ ☐ , ☐

10

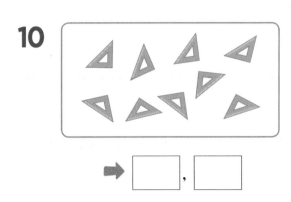

➡ ☐ , ☐

11

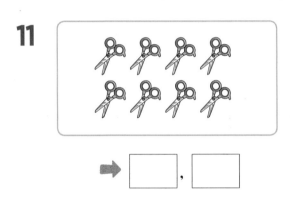

➡ ☐ , ☐

12

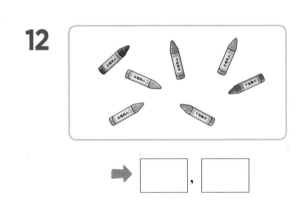

➡ ☐ , ☐

13

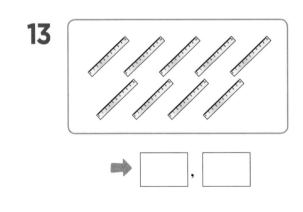

➡ ☐ , ☐

14

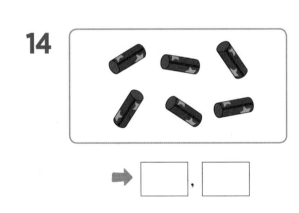

➡ ☐ , ☐

15

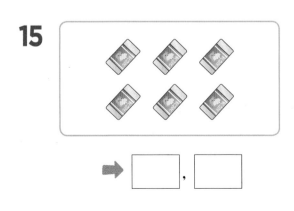

➡ ☐ , ☐

16

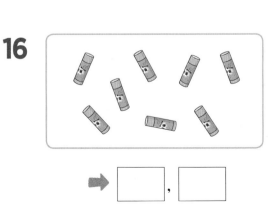

➡ ☐ , ☐

5 9까지의 수의 순서(1)

(1) 수를 순서대로 쓰면 1, 2, 3, 4, 5, 6, 7, 8, 9입니다.
(2) 수의 순서를 거꾸로 쓰면 9, 8, 7, 6, 5, 4, 3, 2, 1입니다.

 순서에 알맞게 쓰시오. (1~10)

1 1 　3

2 둘 　넷

3 4 　6

4 셋 　　여섯

5 5 　7

6 여섯 　여덟

7 6 7

8 다섯 여섯

9 3 　　6

10 넷 　　일곱

계산은 빠르고 정확하게!

걸린 시간	1~5분	5~7분	7~10분
맞은 개수	18~19개	13~17개	1~12개
평가	참 잘했어요.	잘했어요.	좀더 노력해요.

순서에 알맞게 쓰시오. (11 ~ 19)

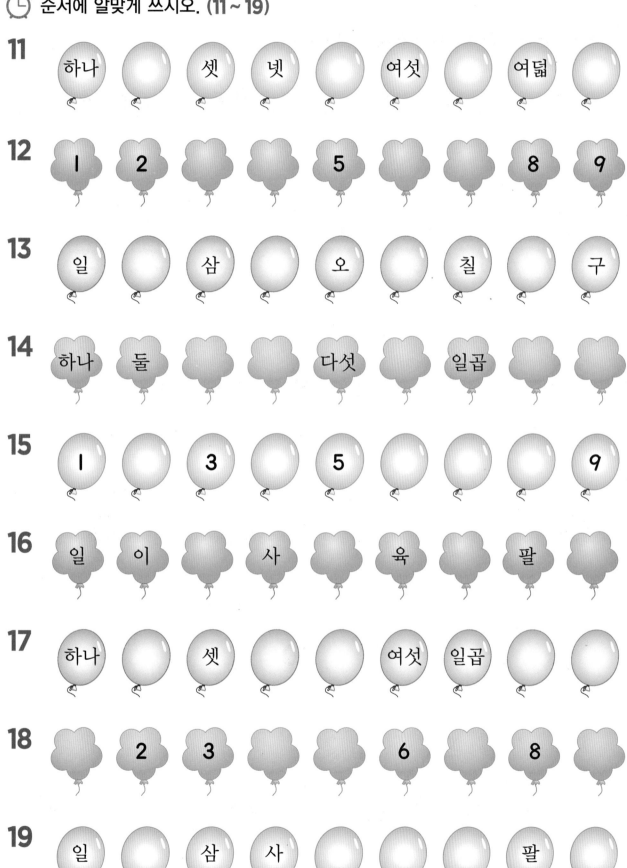

11 하나 ◯ 셋 넷 ◯ 여섯 ◯ 여덟 ◯

12 1 2 ◯ ◯ 5 ◯ ◯ 8 9

13 일 ◯ 삼 ◯ 오 ◯ 칠 ◯ 구

14 하나 둘 ◯ ◯ 다섯 ◯ 일곱 ◯ ◯

15 1 ◯ 3 ◯ 5 ◯ ◯ ◯ 9

16 일 이 ◯ 사 ◯ 육 ◯ 팔 ◯

17 하나 ◯ 셋 ◯ ◯ 여섯 일곱 ◯ ◯

18 ◯ 2 3 ◯ ◯ 6 ◯ 8 ◯

19 일 ◯ 삼 사 ◯ ◯ ◯ 팔 ◯

5 9까지의 수의 순서 (2)

⏰ 순서를 거꾸로 하여 알맞게 쓰시오. (1 ~ 12)

1

2

3

4

5

6

7

8

9

10

11

12

계산은 빠르고 정확하게!

걸린 시간	1~5분	5~7분	7~10분
맞은 개수	17~18개	14~16개	1~13개
평가	참 잘했어요.	잘했어요.	좀더 노력해요.

⏰ 순서를 거꾸로 하여 알맞게 쓰시오. (13 ~ 18)

13

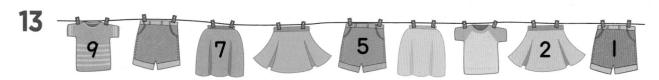

14

15

16

17

18

6 몇째 알아보기 (1)

순서를 나타낼 때에는 첫째, 둘째, 셋째, 넷째, 다섯째, 여섯째, 일곱째, 여덟째, 아홉째로 나타냅니다.

🕐 순서에 맞는 나무에 ◯표 하시오. (1~8)

1 둘째

첫째 ➡

2 셋째

첫째 ➡

3 넷째

첫째 ➡

4 다섯째

첫째 ➡

5 여섯째

첫째 ➡

6 일곱째

첫째 ➡

7 여덟째

첫째 ➡

8 아홉째

첫째 ➡

계산은 빠르고 정확하게!

걸린 시간	1~4분	4~6분	6~9분
맞은 개수	16~17개	13~15개	1~12개
평가	참 잘했어요.	잘했어요.	좀더 노력해요.

🕐 왼쪽부터 세어 알맞게 색칠하시오. (9 ~ 17)

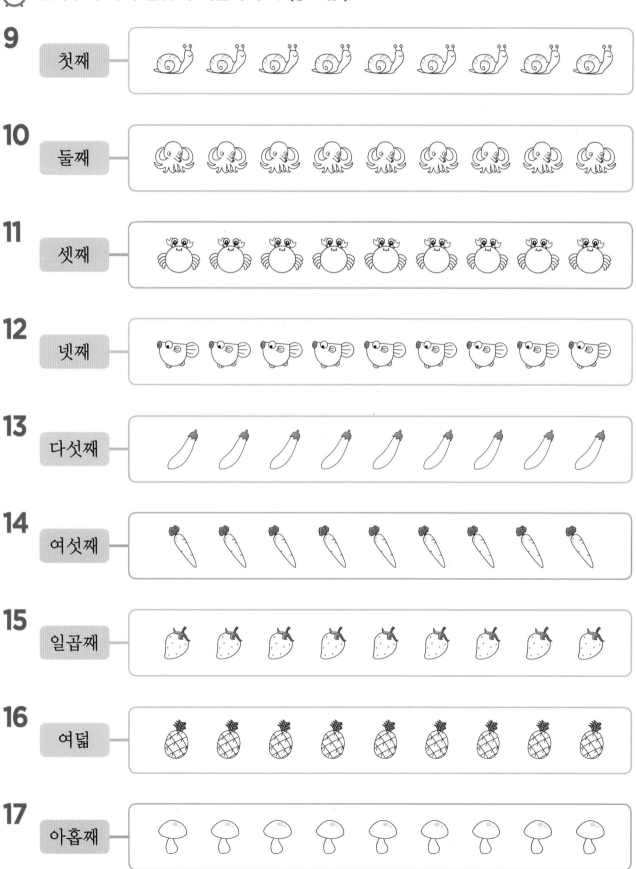

9 첫째

10 둘째

11 셋째

12 넷째

13 다섯째

14 여섯째

15 일곱째

16 여덟

17 아홉째

6 몇째 알아보기 (2)

🕐 보기 와 같이 알맞게 색칠하시오. (1~6)

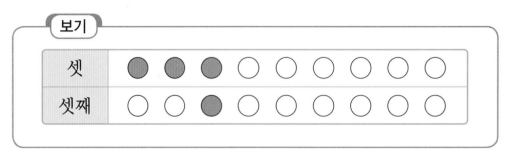

보기									
셋	●	●	●	○	○	○	○	○	○
셋째	○	○	●	○	○	○	○	○	○

1

다섯									
다섯째									

2

일곱									
일곱째									

3

둘									
둘째									

4

여섯									
여섯째									

5

여덟									
여덟째									

6

아홉									
아홉째									

계산은 빠르고 정확하게!

걸린 시간	1~7분	7~10분	10~15분
맞은 개수	13~14개	10~12개	1~9개
평가	참 잘했어요.	잘했어요.	좀더 노력해요.

🕐 순서에 맞도록 빈 곳에 알맞은 말을 써넣으시오. (7 ~ 10)

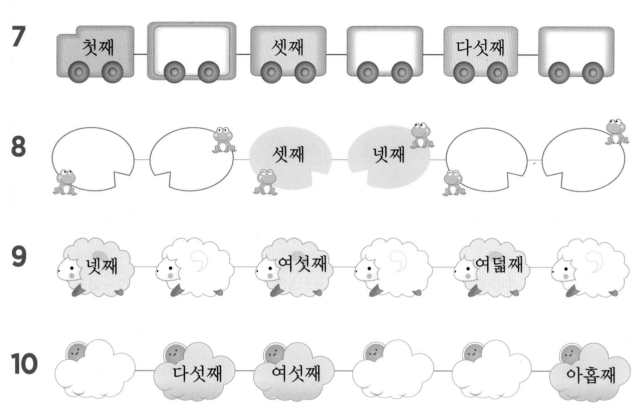

7 첫째 □ 셋째 □ 다섯째 □

8 셋째 넷째

9 넷째 여섯째 여덟째

10 다섯째 여섯째 아홉째

🕐 알맞은 수에 ○표 하시오. (11 ~ 14)

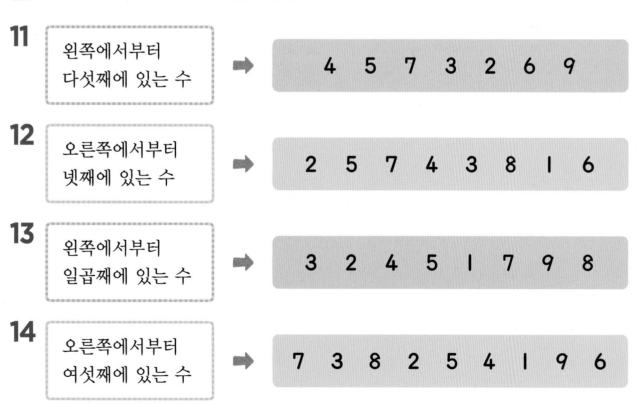

11 왼쪽에서부터 다섯째에 있는 수 ➡ 4 5 7 3 2 6 9

12 오른쪽에서부터 넷째에 있는 수 ➡ 2 5 7 4 3 8 1 6

13 왼쪽에서부터 일곱째에 있는 수 ➡ 3 2 4 5 1 7 9 8

14 오른쪽에서부터 여섯째에 있는 수 ➡ 7 3 8 2 5 4 1 9 6

7

l만큼 더 큰 수와
l만큼 더 작은 수(1)

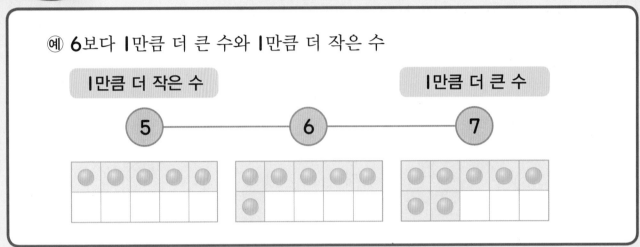

㉠ 6보다 l만큼 더 큰 수와 l만큼 더 작은 수

l만큼 더 작은 수   l만큼 더 큰 수

5 ———— 6 ———— 7

⏰ 왼쪽 그림의 수보다 l만큼 더 큰 수를 나타내는 것에 ○표 하시오. (1~4)

1

( )   ( )   ( )

2

( )   ( )   ( )

3

( )   ( )   ( )

4

( )   ( )   ( )

⏰ I만큼 더 큰 수를 빈칸에 ○로 나타내고 □ 안에 알맞은 수를 써넣으시오. (5~9)

5

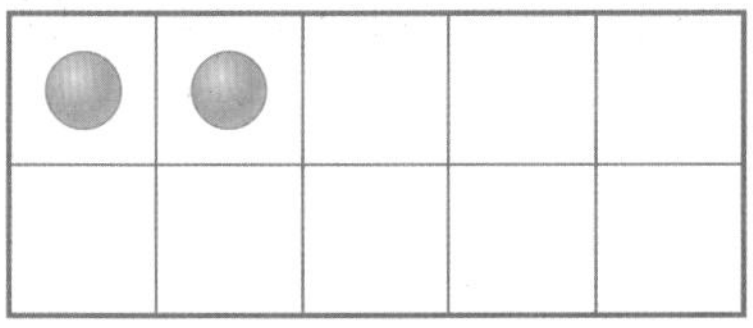

I만큼 더 큰 수 →

2

6

I만큼 더 큰 수 →

4

7

I만큼 더 큰 수 →

6

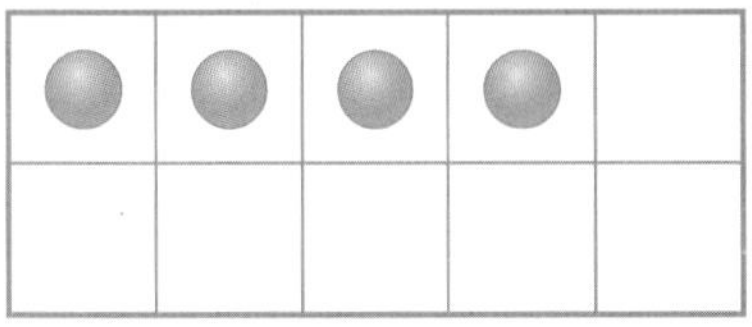

8

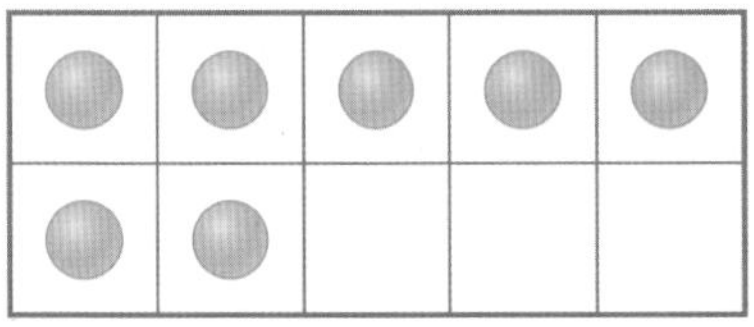

I만큼 더 큰 수 →

7

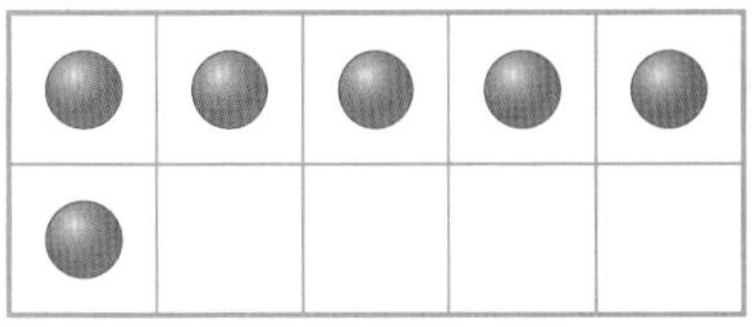

9

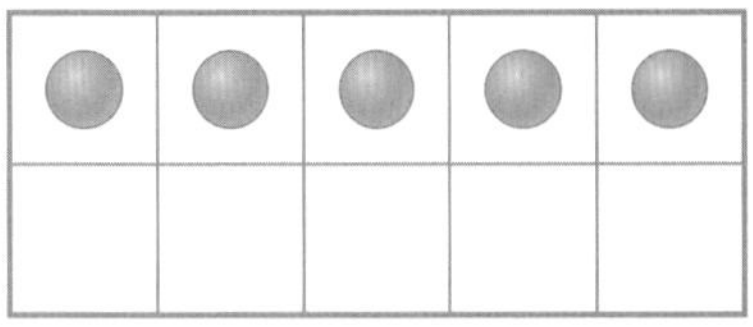

I만큼 더 큰 수 →

5

⏰ 1만큼 더 작은 수를 빈칸에 ○로 나타내고 □ 안에 알맞은 수를 써넣으시오. (1~5)

1

2

→ 1만큼 더 작은 수 →

2

4

→ 1만큼 더 작은 수 →

3

3

→ 1만큼 더 작은 수 →

4

6

→ 1만큼 더 작은 수 →

5

8

→ 1만큼 더 작은 수 →

⏰ 그림을 보고 ☐ 안에 알맞은 수를 써넣으시오. (6 ~ 19)

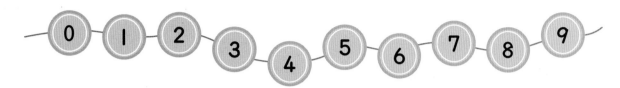

6 1보다 1만큼 더 큰 수는 ☐ 입니다.　**7** 4보다 1만큼 더 작은 수는 ☐ 입니다.

8 7보다 1만큼 더 큰 수는 ☐ 입니다.　**9** 1보다 1만큼 더 작은 수는 ☐ 입니다.

10 4보다 1만큼 더 큰 수는 ☐ 입니다.　**11** 6보다 1만큼 더 작은 수는 ☐ 입니다.

12 6보다 1만큼 더 큰 수는 ☐ 입니다.　**13** 3보다 1만큼 더 작은 수는 ☐ 입니다.

14 8보다 1만큼 더 큰 수는 ☐ 입니다.　**15** 7보다 1만큼 더 작은 수는 ☐ 입니다.

16 3보다 1만큼 더 큰 수는 ☐ 입니다.　**17** 2보다 1만큼 더 작은 수는 ☐ 입니다.

18 5보다 1만큼 더 큰 수는 ☐ 입니다.　**19** 9보다 1만큼 더 작은 수는 ☐ 입니다.

8 두 수의 크기 비교(1)

월
일

(1) 하나씩 짝지어서 수의 크기를 비교하기

6 ○○○○○○
5 ●●●●●

· 6은 5보다 큽니다.
· 5는 6보다 작습니다.

(2) 수의 순서를 이용하여 크기 비교하기

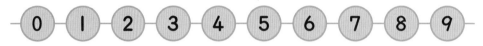

① 8은 6보다 뒤에 있습니다. ➡ 8은 6보다 큽니다.
② 6은 8보다 앞에 있습니다. ➡ 6은 8보다 작습니다.

⏰ □ 안에 알맞은 수를 써넣고 알맞은 말에 ○표 하시오. (1~4)

1

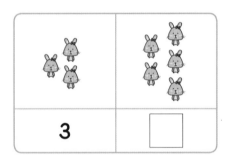

3 | □

(1) **3**은 □보다 (큽니다 , 작습니다).

(2) □는 **3**보다 (큽니다 , 작습니다).

2

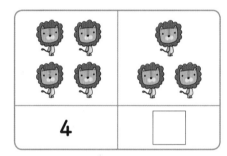

4 | □

(1) **4**는 □보다 (큽니다 , 작습니다).

(2) □은 **4**보다 (큽니다 , 작습니다).

3

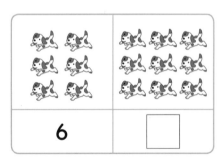

6 | □

(1) **6**은 □보다 (큽니다 , 작습니다).

(2) □는 **6**보다 (큽니다 , 작습니다).

4

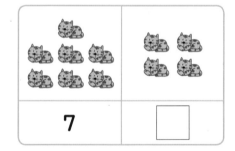

7 | □

(1) **7**은 □보다 (큽니다 , 작습니다).

(2) □는 **7**보다 (큽니다 , 작습니다).

수만큼 색칠하고 더 큰 수에 △표 하시오. (5 ~ 7)

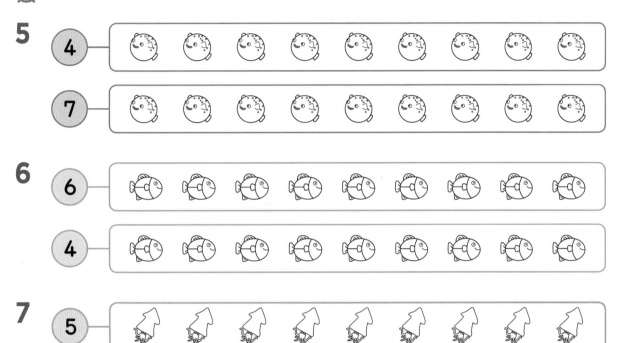

수만큼 색칠하고 더 작은 수에 △표 하시오. (8 ~ 10)

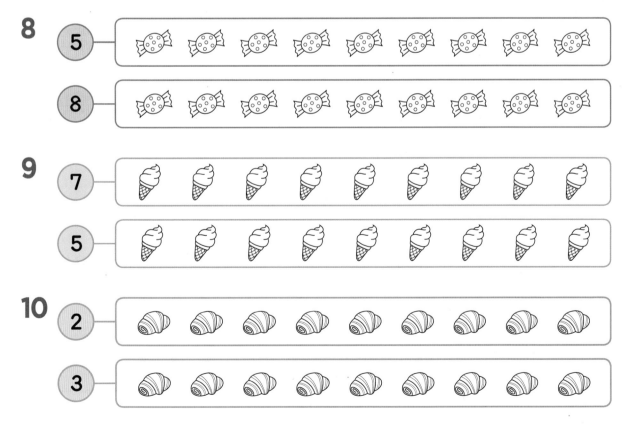

⏰ □ 안에 알맞은 수를 써넣으시오. **(1~4)**

1
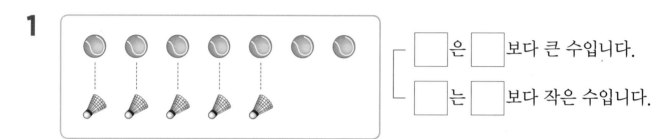

☐ 은 ☐ 보다 큰 수입니다.

☐ 는 ☐ 보다 작은 수입니다.

2

☐ 은 ☐ 보다 큰 수입니다.

☐ 는 ☐ 보다 작은 수입니다.

3
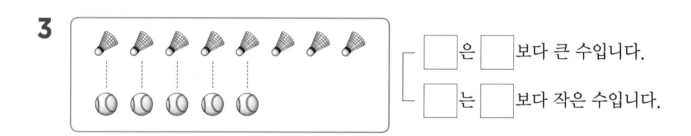

☐ 은 ☐ 보다 큰 수입니다.

☐ 는 ☐ 보다 작은 수입니다.

4
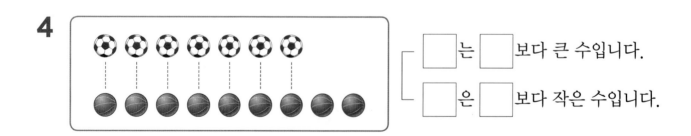

☐ 는 ☐ 보다 큰 수입니다.

☐ 은 ☐ 보다 작은 수입니다.

걸린 시간	1~6분	6~8분	8~10분
맞은 개수	27~28개	20~26개	1~19개
평가	참 잘했어요.	잘했어요.	좀더 노력해요.

🕐 더 큰 수에 ○표 하시오. (5 ~ 16)

5 | 6 1

6 | 2 5

7 | 8 3

8 | 5 4

9 | 7 5

10 | 8 9

11 | 4 2

12 | 7 9

13 | 7 4

14 | 4 6

15 | 3 7

16 | 2 0

🕐 더 작은 수에 △표 하시오. (17 ~ 28)

17 | 2 5

18 | 7 5

19 | 5 8

20 | 3 2

21 | 9 7

22 | 4 3

23 | 6 8

24 | 6 0

25 | 9 6

26 | 5 9

27 | 3 8

28 | 6 5

9 세 수의 크기 비교(1)

(1) 먼저 두 수씩 비교한 후 가장 큰 수와 가장 작은 수를 알아봅니다.

5 7 8   　5는 7보다 작고 7은 8보다 작으므로 가장 작은 수는
　5이고 가장 큰 수는 8입니다.

(2) 수의 순서를 이용하여 크기 비교하기

5, 7, 8 중 가장 앞에 있는 5가 가장 작은 수이고 가장 뒤에 있는 8이 가장 큰 수입니다.

⏰ 구슬의 수를 세고 세 수 중 가장 큰 수에 ○표, 가장 작은 수에 △표 하시오. (1~6)

1

2

3

4

5

6

🕐 가장 큰 수에 ○표 하시오. (7 ~ 12)

7

8

9

10

11

12

🕐 가장 작은 수에 △표 하시오. (13 ~ 18)

13

14

15

16

17

18

9 세 수의 크기 비교(2)

학습 날짜

_____월 _____일

⏰ 다음 수 중 가장 큰 수와 가장 작은 수를 찾아 쓰시오. (1~8)

1

| 5 | 2 | 4 |

가장 큰 수 : ☐

가장 작은 수 : ☐

2

| 3 | 7 | 4 |

가장 큰 수 : ☐

가장 작은 수 : ☐

3

| 7 | 5 | 8 |

가장 큰 수 : ☐

가장 작은 수 : ☐

4

| 3 | 8 | 4 |

가장 큰 수 : ☐

가장 작은 수 : ☐

5

| 7 | 9 | 3 |

가장 큰 수 : ☐

가장 작은 수 : ☐

6

| 5 | 2 | 7 |

가장 큰 수 : ☐

가장 작은 수 : ☐

7

| 8 | 7 | 9 |

가장 큰 수 : ☐

가장 작은 수 : ☐

8

| 5 | 3 | 6 |

가장 큰 수 : ☐

가장 작은 수 : ☐

걸린 시간	1~4분	4~6분	6~8분
맞은 개수	15~16개	11~14개	1~10개
평가	참 잘했어요.	잘했어요.	좀더 노력해요.

다음 수 중 가장 큰 수와 가장 작은 수를 찾아 쓰시오. (9~16)

9

2 5 7 3

가장 큰 수 : ☐

가장 작은 수 : ☐

10

3 8 4 2

가장 큰 수 : ☐

가장 작은 수 : ☐

11

9 8 5 6

가장 큰 수 : ☐

가장 작은 수 : ☐

12

7 8 2 4

가장 큰 수 : ☐

가장 작은 수 : ☐

13

3 8 5 1

가장 큰 수 : ☐

가장 작은 수 : ☐

14

2 6 3 7

가장 큰 수 : ☐

가장 작은 수 : ☐

15

9 4 6 3

가장 큰 수 : ☐

가장 작은 수 : ☐

16

7 9 8 6

가장 큰 수 : ☐

가장 작은 수 : ☐

⏰ 빈칸에 알맞은 수를 써넣으시오. (1~8)

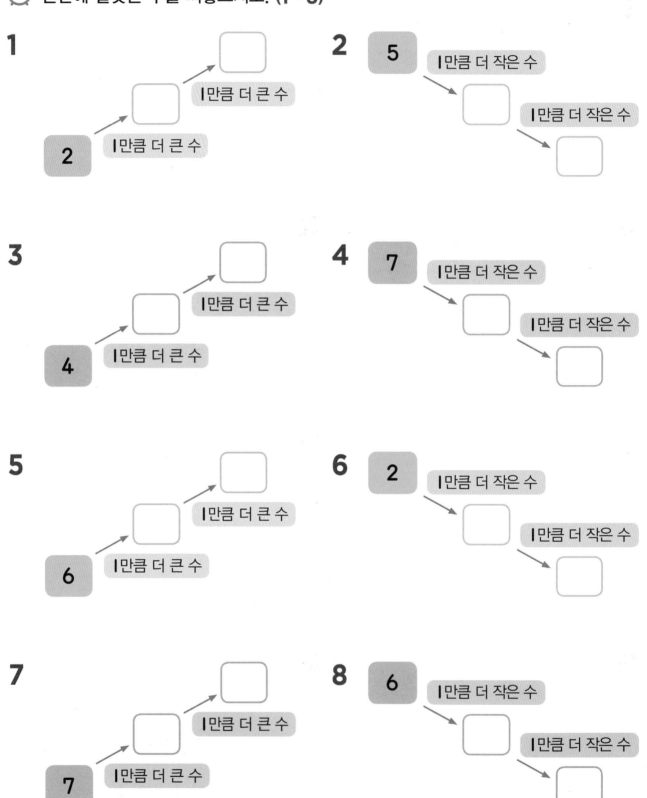

1

2 → [ ] 1만큼 더 큰 수 → [ ] 1만큼 더 큰 수

2

5 → 1만큼 더 작은 수 → [ ] → 1만큼 더 작은 수 → [ ]

3

4 → [ ] 1만큼 더 큰 수 → [ ] 1만큼 더 큰 수

4

7 → 1만큼 더 작은 수 → [ ] → 1만큼 더 작은 수 → [ ]

5

6 → [ ] 1만큼 더 큰 수 → [ ] 1만큼 더 큰 수

6

2 → 1만큼 더 작은 수 → [ ] → 1만큼 더 작은 수 → [ ]

7

7 → [ ] 1만큼 더 큰 수 → [ ] 1만큼 더 큰 수

8

6 → 1만큼 더 작은 수 → [ ] → 1만큼 더 작은 수 → [ ]

계산은 빠르고 정확하게!

걸린 시간	1~5분	5~7분	7~10분
맞은 개수	15~16개	11~14개	1~10개
평가	참 잘했어요.	잘했어요.	좀더 노력해요.

🕐 다음 수들을 큰 순서대로 쓰고 가장 큰 수에 ○, 가장 작은 수에 △표 하시오. (9 ~ 16)

9

7 3 5 2 4

□—□—□—□—□

10
8 1 9 4 5

□—□—□—□—□

11

2 4 7 8 1

□—□—□—□—□

12
3 7 1 6 5

□—□—□—□—□

13

6 8 3 5 4

□—□—□—□—□

14
8 3 2 5 9

□—□—□—□—□

15

1 3 4 9 5

□—□—□—□—□

16
4 2 5 7 6

□—□—□—□—□

확인 평가

🕐 수를 세어 ☐ 안에 알맞은 수를 써넣으시오. (1~6)

1 ◆ ◆ ➡ ☐   **2** ♥ ♥ ♥ ♥ ➡ ☐

3 [ ] ➡ ☐   **4** ♣ ♣ ♣ ♣ ♣ ➡ ☐

5 ♠ ♠ ♠ ♠ ♠ ♠ ♠ ➡ ☐   **6** ●●●●● ●●●● ➡ ☐

🕐 수를 세어 두 가지 방법으로 읽어 보시오. (7~12)

7 ➡ ☐ , ☐   **8** ➡ ☐ , ☐

9 ➡ ☐ , ☐   **10** ➡ ☐ , ☐

11 ➡ ☐ , ☐   **12** ➡ ☐ , ☐

🕐 순서에 알맞게 쓰시오. (13 ~ 19)

13

14

15

16

17

18

19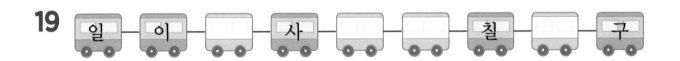

🕐 알맞게 색칠하시오. (20 ~ 22)

20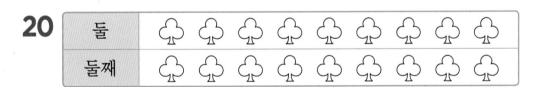

21

22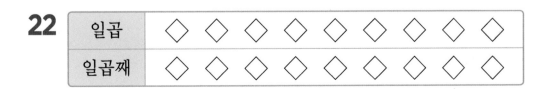

그림의 수보다 I만큼 더 작은 수를 왼쪽에, I만큼 더 큰 수를 오른쪽에 쓰시오.

(23 ~ 26)

23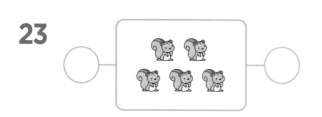

24

25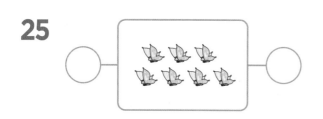

26

빈칸에 알맞은 수를 써넣으시오. (27 ~ 30)

27

28

29

30

가장 큰 수에 ○표, 가장 작은 수에 △표 하시오. (31 ~ 34)

31
| 7 | 2 | 4 |

32
| 8 | 9 | 3 |

33
| 5 | 4 | 0 |

34
| 3 | 7 | 6 |

2

9까지의 수를 모으고 가르기

9까지의 수를 모으기(1)

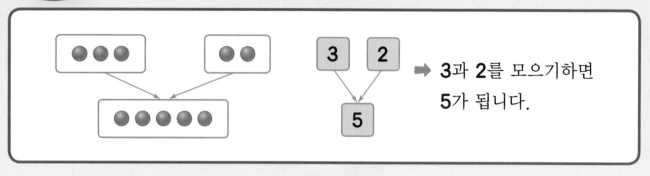

➡ 3과 2를 모으기하면 5가 됩니다.

⏰ 빈 곳에 알맞은 수만큼 ●를 그리고, ◯ 안에 알맞은 수를 써넣으시오. (1~6)

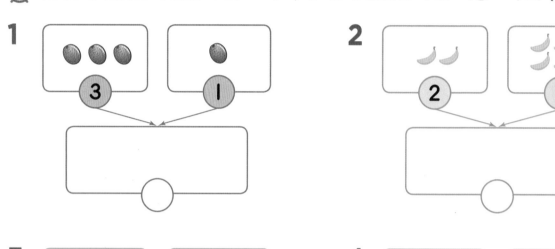

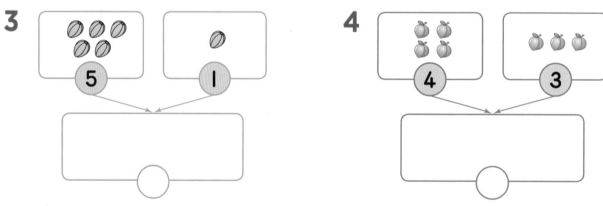

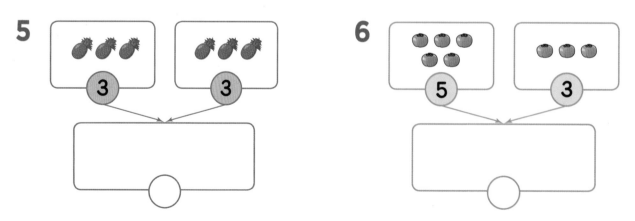

빈 곳에 알맞은 수만큼 ●를 그리고, ◯ 안에 알맞은 수를 써넣으시오. (7 ~ 14)

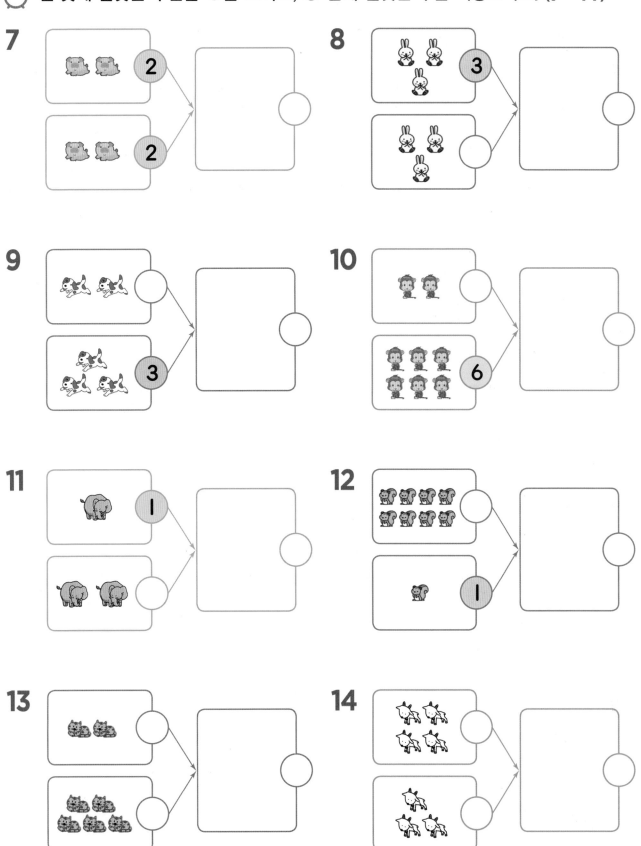

9까지의 수를 모으기(2)

⏰ 그림을 보고 모으기를 하시오. (1~8)

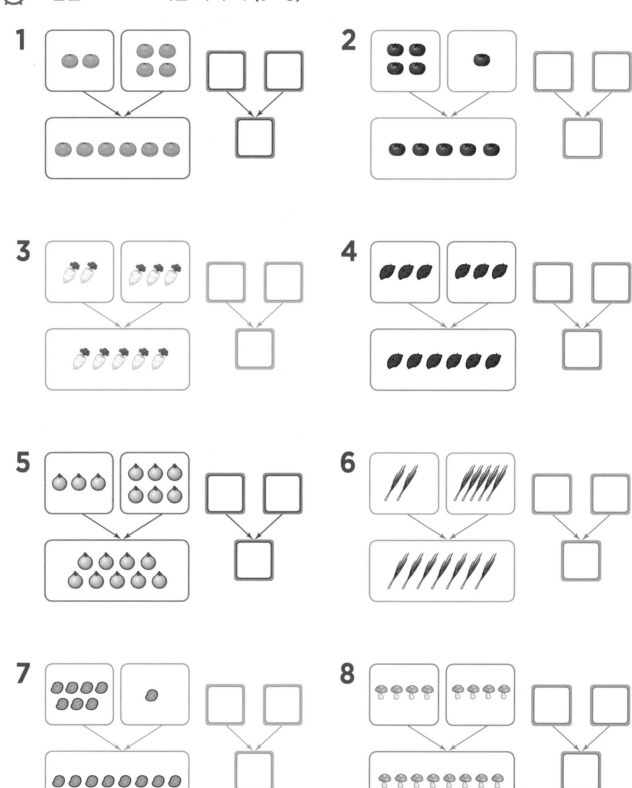

⏰ 그림을 보고 모으기를 하시오. (9 ~ 16)

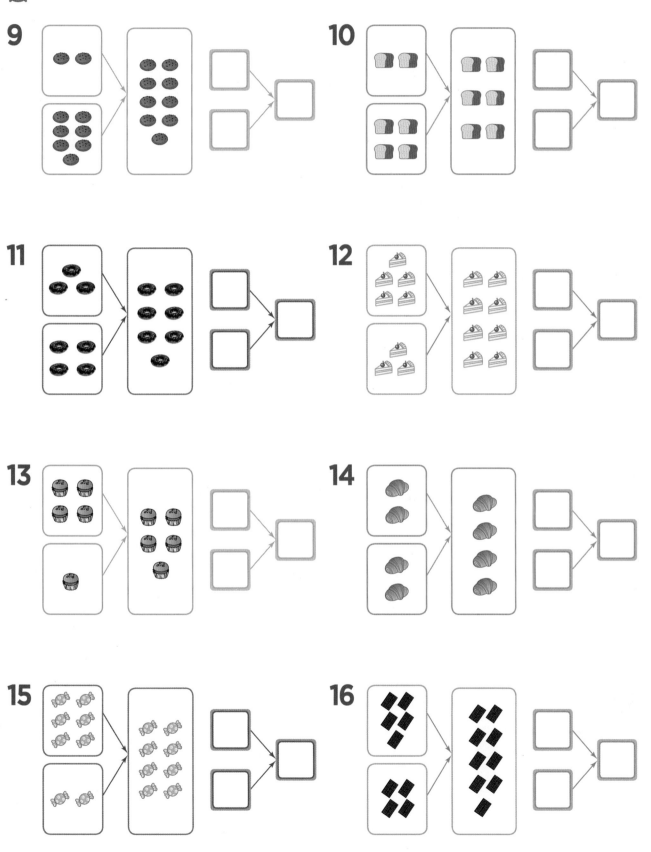

9까지의 수를 모으기(3)

🕐 빈칸에 알맞은 수를 써넣으시오. (1 ~ 12)

1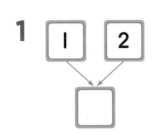

2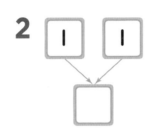

3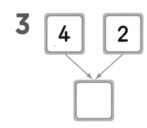

4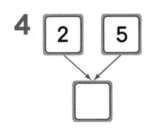

5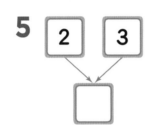

6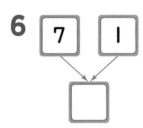

7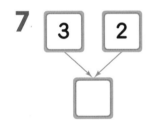

8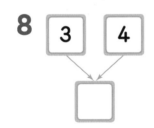

9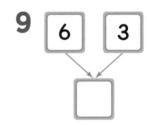

10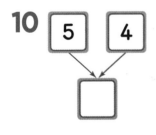

11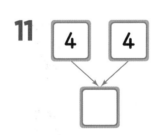

12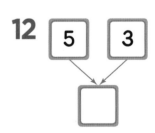

계산은 빠르고 정확하게!

걸린 시간	1~4분	4~6분	6~8분
맞은 개수	22~24개	16~21개	1~15개
평가	참 잘했어요.	잘했어요.	좀더 노력해요.

빈칸에 알맞은 수를 써넣으시오. (13 ~ 24)

13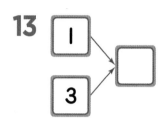

14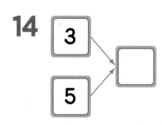

15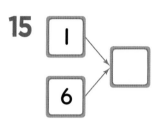

16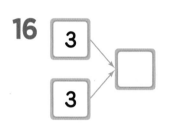

17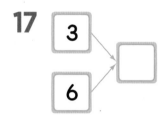

18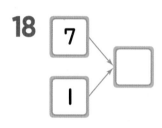

19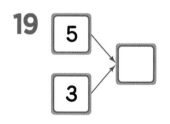

20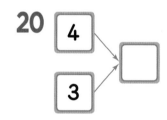

21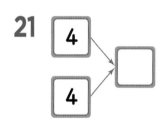

22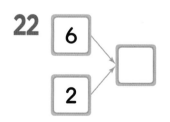

23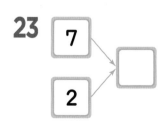

24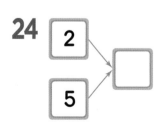

2 9까지의 수를 가르기(1)

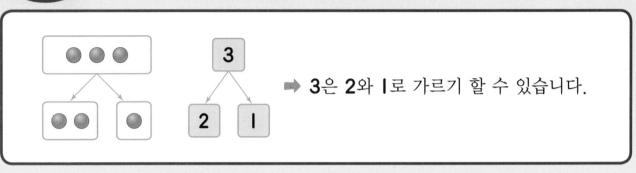

➡ **3**은 **2**와 **1**로 가르기 할 수 있습니다.

🕐 빈 곳에 알맞은 수만큼 ●를 그리고, ○ 안에 알맞은 수를 써넣으시오. (1~6)

1

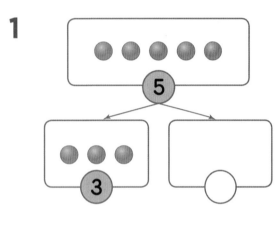

2

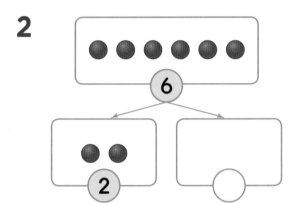

3

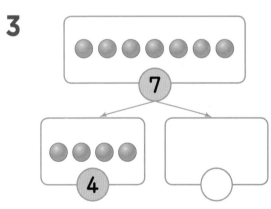

4

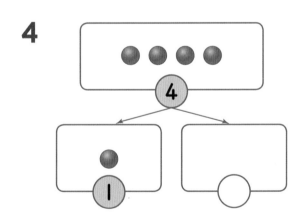

5

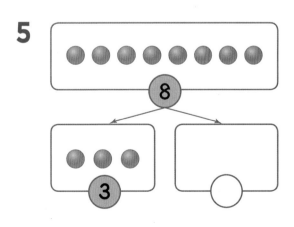

6

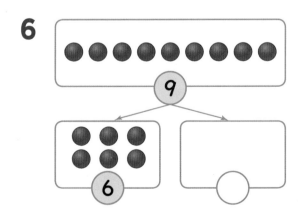

빈 곳에 알맞은 수만큼 ●를 그리고, ◯ 안에 알맞은 수를 써넣으시오. (7~14)

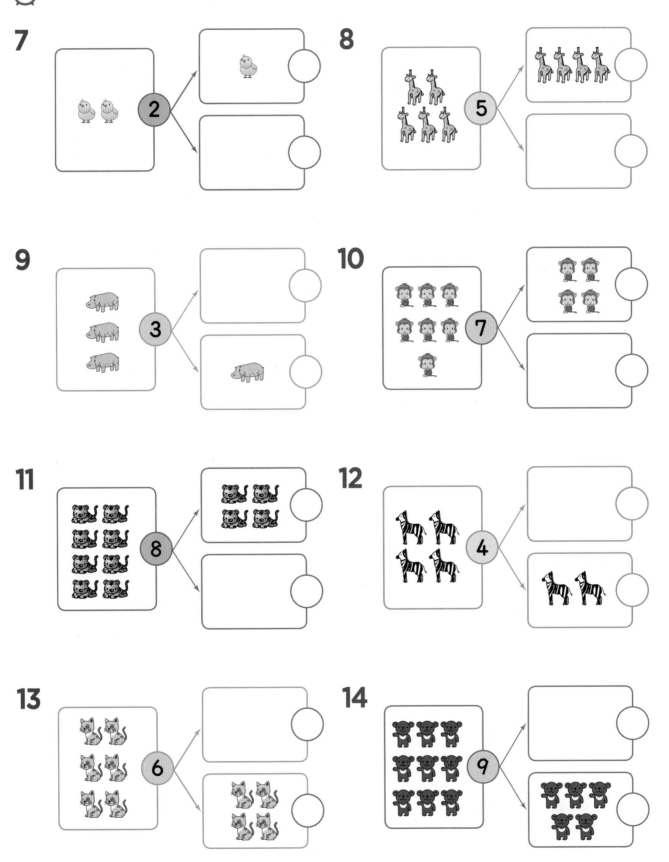

9까지의 수를 가르기(2)

⏰ 그림을 보고 가르기를 하시오. (1~8)

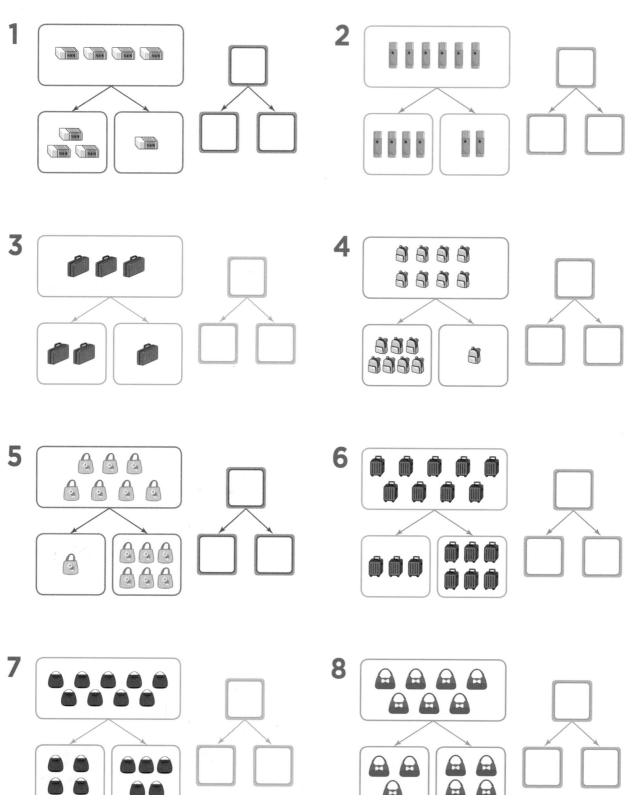

🕐 그림을 보고 가르기를 하시오. (9 ~ 16)

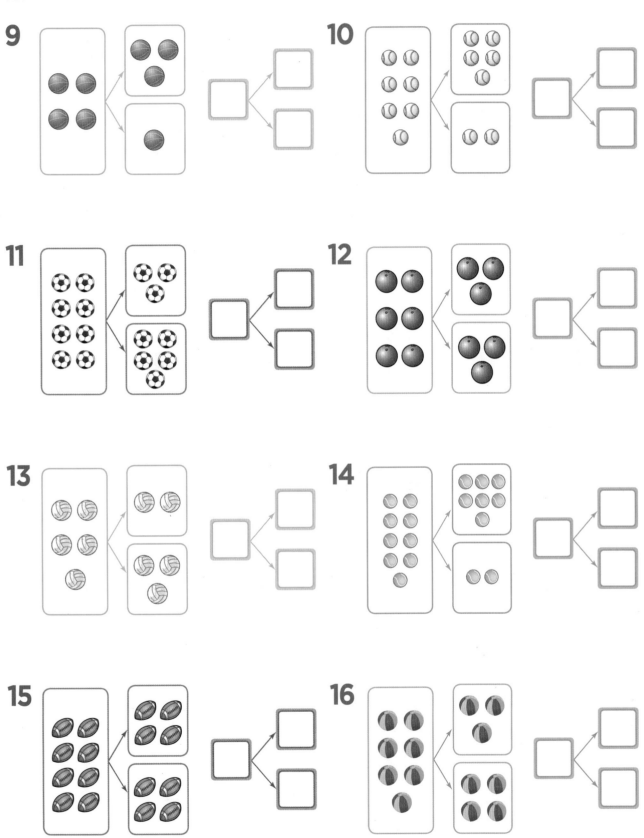

2 *9*까지의 수를 가르기(3)

⏰ 빈칸에 알맞은 수를 써넣으시오. **(1 ~ 12)**

1
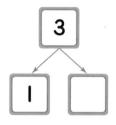
3 → 1, □

2
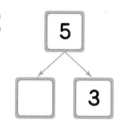
5 → □, 3

3
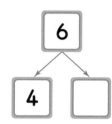
6 → 4, □

4
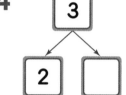
3 → 2, □

5
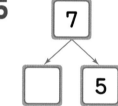
7 → □, 5

6
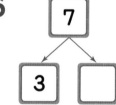
7 → 3, □

7
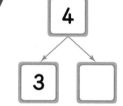
4 → 3, □

8
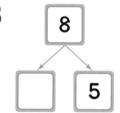
8 → □, 5

9
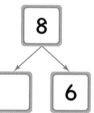
8 → □, 6

10
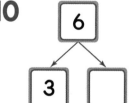
6 → 3, □

11
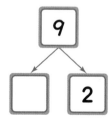
9 → □, 2

12
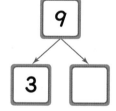
9 → 3, □

계산은 빠르고 정확하게!

걸린 시간	1~4분	4~6분	6~8분
맞은 개수	20~24개	16~19개	1~15개
평가	참 잘했어요.	잘했어요.	좀더 노력해요.

⏰ 빈칸에 알맞은 수를 써넣으시오. (13 ~ 24)

13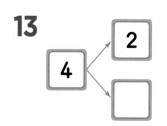

14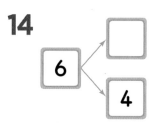

15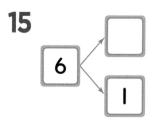

16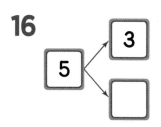

17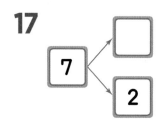

18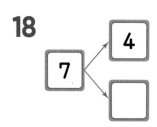

19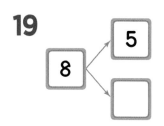

20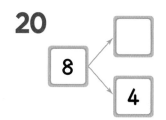

21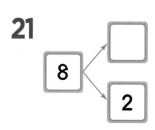

22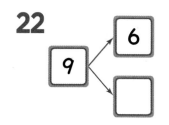

23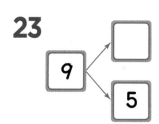

24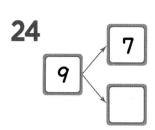

3 여러 가지 방법으로 가르기와 모으기(1)

학습 날짜
월
일

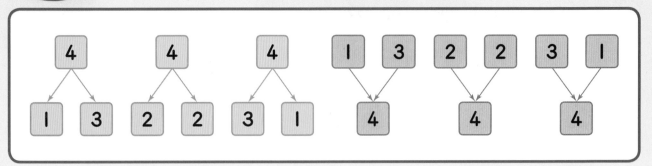

⏰ □ 안의 수를 **3가지** 방법으로 가르기 한 것입니다. ◯ 안에 알맞은 수를 써넣으시오.

(1~4)

1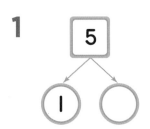

2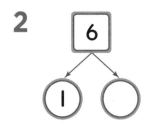

3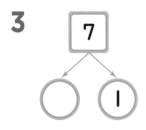

4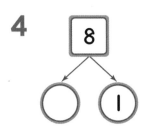

⏰ □ 안의 수를 **3**가지 방법으로 가르기 한 것입니다. ○ 안에 알맞은 수를 써넣으시오.

(5~9)

5
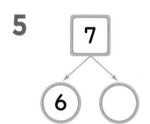 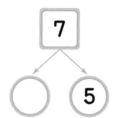 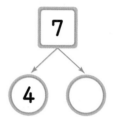

6
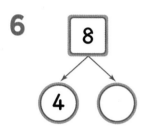 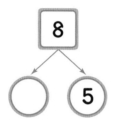 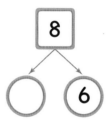

7
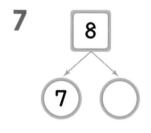 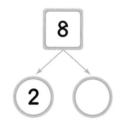 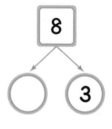

8
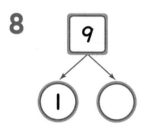 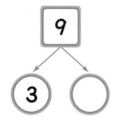 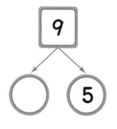

9
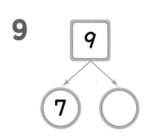 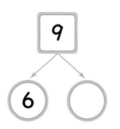 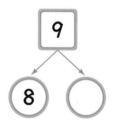

3 여러 가지 방법으로 가르기와 모으기(2)

학습 날짜

월   일

⏰ □ 안의 수가 되도록 3가지 방법으로 모으기 한 것입니다. ○ 안에 알맞은 수를 써 넣으시오. (1~5)

1
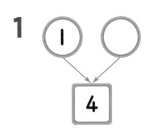
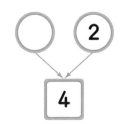

2
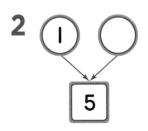
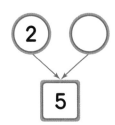
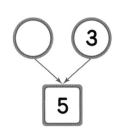

3
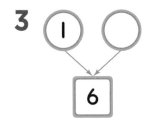
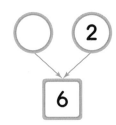
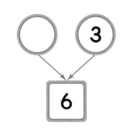

4
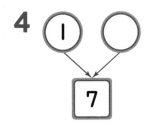
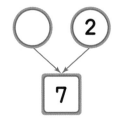
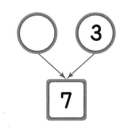

5
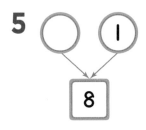
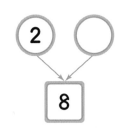
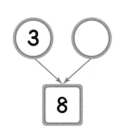

⏰ □ 안의 수가 되도록 **3**가지 방법으로 모으기 한 것입니다. ○ 안에 알맞은 수를 써 넣으시오. (6 ~10)

6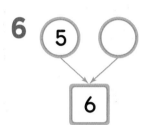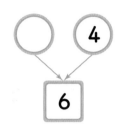

7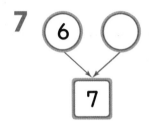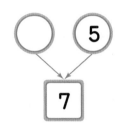

8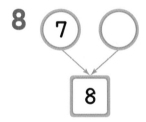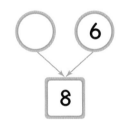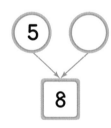

9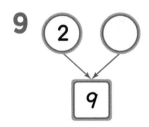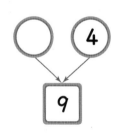

10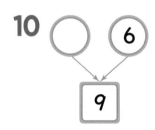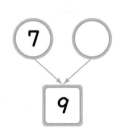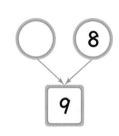

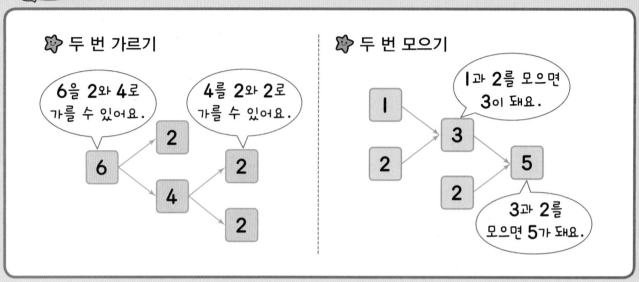

⭐ 두 번 가르기

6을 2와 4로 가를 수 있어요.

4를 2와 2로 가를 수 있어요.

⭐ 두 번 모으기

1과 2를 모으면 3이 돼요.

3과 2를 모으면 5가 돼요.

⏰ 수를 가르거나 모아서 빈칸에 알맞은 수를 써넣으시오. (1~6)

1

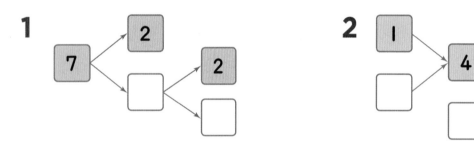

2

3

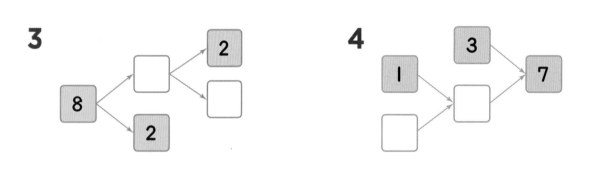

4

5

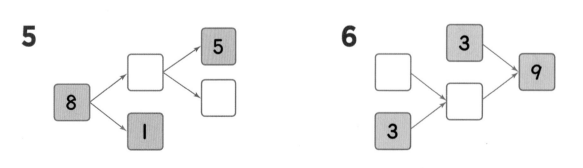

6

🕐 수를 가르거나 모아서 빈칸에 알맞은 수를 써넣으시오. (7~14)

7
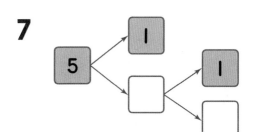

8
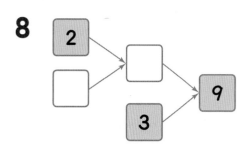

9
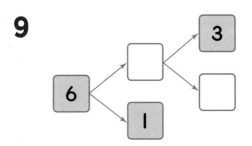

10
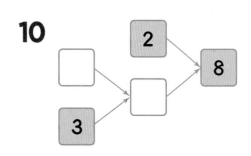

11
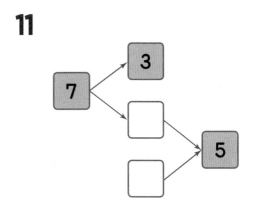

12
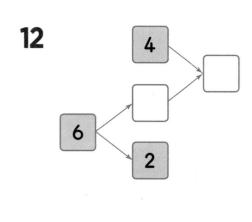

13
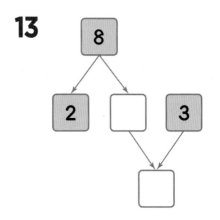

14
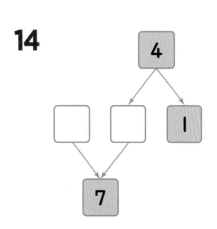

🕐 그림을 보고 모으기를 하시오. (1~8)

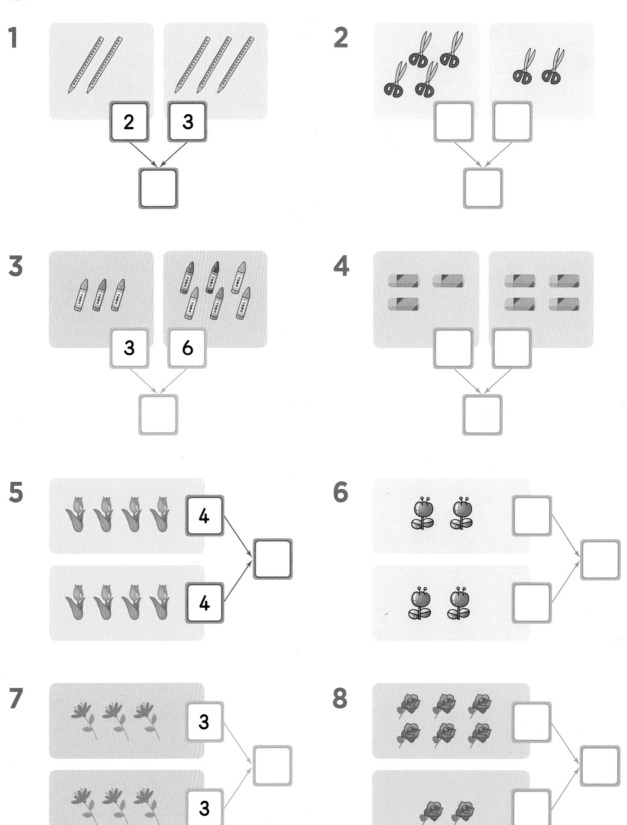

1
2 3

2

3
3 6

4

5
4 4

6

7
3 3

8

🕐 그림을 보고 가르기를 하시오. (9 ~ 16)

9

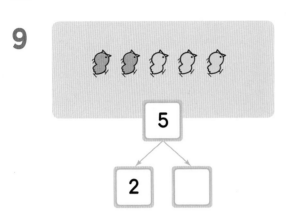

5 → 2, ☐

10

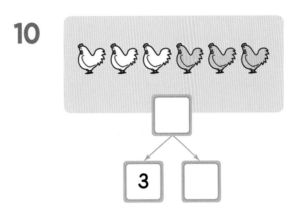

☐ → 3, ☐

11

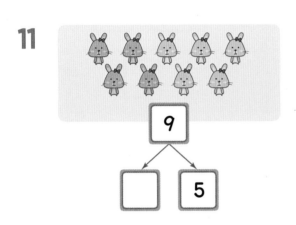

9 → ☐, 5

12

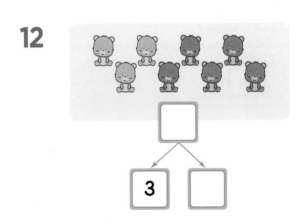

☐ → 3, ☐

13

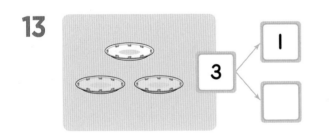

3 → 1, ☐

14

☐ → 3, ☐

15

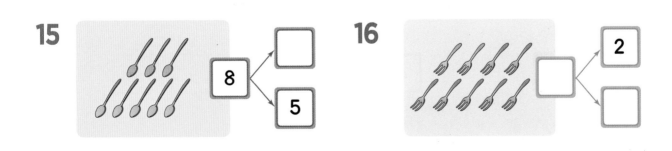

8 → ☐, 5

16

2 → ☐, ☐

크라운을 도전하세요!

⏰ 빈칸에 알맞은 수를 써넣으시오. (17 ~ 28)

17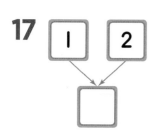

18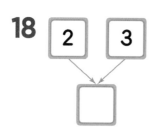

19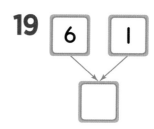

20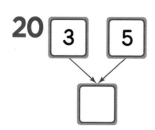

21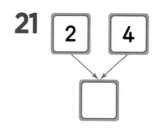

22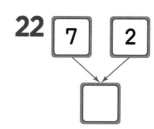

23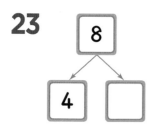

24
```
  5
 ↙ ↘
4    □
```

25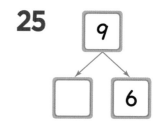

26
```
  6
 ↙ ↘
□    1
```

27
```
  7
 ↙ ↘
4    □
```

28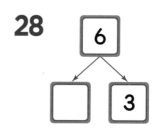

3

덧셈과 뺄셈

예   ➡

쓰기 3+2=5

읽기 3 더하기 2는 5와 같습니다.
3과 2의 합은 5입니다.

⏰ 그림을 보고 덧셈식을 쓰시오. (1~6)

1

1 + 4 = ☐

2

4 + ☐ = ☐

3

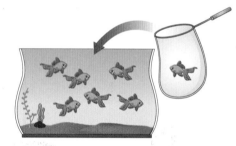

6 + 1 = ☐

4

5 + ☐ = ☐

5

2 + 0 = ☐

6

5 + ☐ = ☐

계산은 빠르고 정확하게!

걸린 시간	1~8분	8~10분	10~12분
맞은 개수	10~11개	7~9개	1~6개
평가	참 잘했어요.	잘했어요.	좀더 노력해요.

⏰ 보기 와 같이 그림에 알맞은 덧셈식을 쓰고 두 가지 방법으로 읽어 보시오. (7 ~ 11)

보기

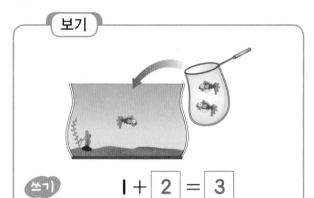

쓰기 　　1 + 2 = 3

읽기 　1 더하기 2는 3과 같습니다.

　　　1과 2의 합은 3입니다.

7

쓰기 　3 + □ = □

읽기 _____

_____

8

쓰기 　4 + □ = □

읽기 _____

_____

9

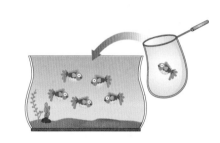

쓰기 　5 + □ = □

읽기 _____

_____

10

쓰기 　□ + □ = □

읽기 _____

_____

11

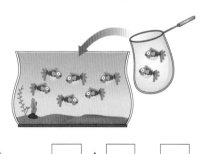

쓰기 　□ + □ = □

읽기 _____

_____

합이 9까지인 수의 덧셈식 (2)

⏰ 그림을 보고 덧셈식을 쓰시오. (1~8)

1

$2+3=\boxed{}$

2

$\boxed{}+\boxed{}=\boxed{}$

3

$6+2=\boxed{}$

4

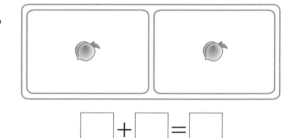

$\boxed{}+\boxed{}=\boxed{}$

5

$3+\boxed{}=\boxed{}$

6

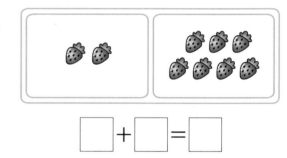

$\boxed{}+\boxed{}=\boxed{}$

7

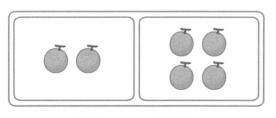

$\boxed{}+4=\boxed{}$

8

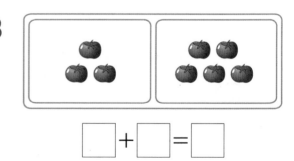

$\boxed{}+\boxed{}=\boxed{}$

계산은 빠르고 정확하게!

걸린 시간	1~9분	9~12분	12~15분
맞은 개수	13~14개	10~12개	1~9개
평가	참 잘했어요.	잘했어요.	좀더 노력해요.

🕐 그림을 보고 덧셈식을 쓰고 두 가지 방법으로 읽어 보시오. (9~14)

9

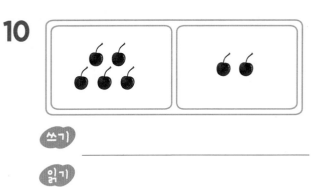

쓰기 _____

읽기 _____

_____

10

쓰기 _____

읽기 _____

_____

11

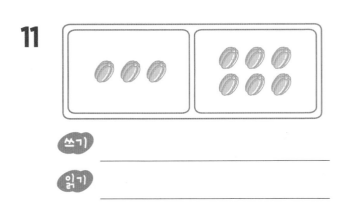

쓰기 _____

읽기 _____

_____

12

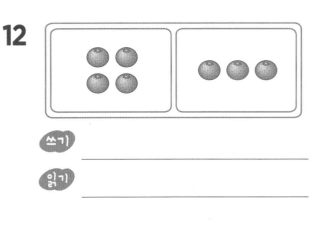

쓰기 _____

읽기 _____

_____

13

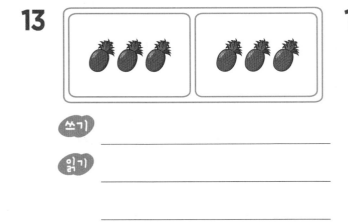

쓰기 _____

읽기 _____

_____

14

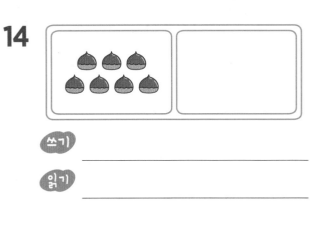

쓰기 _____

읽기 _____

_____

1 합이 9까지인 수의 덧셈식(3)

⏰ 펼친 손가락의 수를 보고 덧셈식을 쓰시오. (1 ~ 15)

1

$1 + 1 = \boxed{}$

2

$1 + \boxed{} = \boxed{}$

3

$\boxed{} + 5 = \boxed{}$

4

$2 + 1 = \boxed{}$

5

$2 + \boxed{} = \boxed{}$

6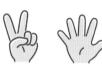

$\boxed{} + 5 = \boxed{}$

7

$3 + 1 = \boxed{}$

8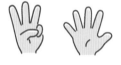

$3 + \boxed{} = \boxed{}$

9

$\boxed{} + 3 = \boxed{}$

10

$0 + 1 = \boxed{}$

11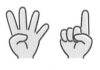

$4 + \boxed{} = \boxed{}$

12

$\boxed{} + 3 = \boxed{}$

13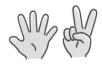

$5 + 2 = \boxed{}$

14

$5 + \boxed{} = \boxed{}$

15

$\boxed{} + 4 = \boxed{}$

계산은 빠르고 정확하게!

걸린 시간	1～6분	6～9분	9～12분
맞은 개수	27～30개	21～26개	1～20개
평가	참 잘했어요.	잘했어요.	좀더 노력해요.

점의 수를 보고 덧셈식을 쓰시오. (16 ~ 30)

16

4+2=☐

17

1+☐=☐

18

☐+9=☐

19

4+1=☐

20

2+☐=☐

21

☐+7=☐

22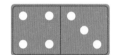

4+3=☐

23

2+☐=☐

24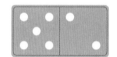

☐+2=☐

25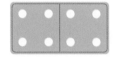

4+4=☐

26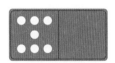

7+☐=☐

27

☐+2=☐

28

4+5=☐

29

5+☐=☐

30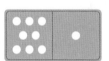

☐+1=☐

2 합이 9까지인 수의 덧셈(1)

$$2 + 4 = 6$$

· 가로셈

$$2 + 4 = 6$$

· 세로셈

$$\begin{array}{r} 2 \\ +\ 4 \\ \hline 6 \end{array}$$

덧셈을 하시오. (1 ~ 18)

1 2+3=☐

2 3+5=☐

3 5+2=☐

4 2+2=☐

5 3+6=☐

6 4+4=☐

7 0+7=☐

8 3+0=☐

9 4+3=☐

10 5+0=☐

11 0+1=☐

12 2+5=☐

13 3+4=☐

14 1+8=☐

15 7+1=☐

16 1+6=☐

17 2+7=☐

18 6+2=☐

걸린 시간	1~6분	6~9분	9~12분
맞은 개수	36~39개	28~35개	1~27개
평가	참 잘했어요.	잘했어요.	좀더 노력해요.

덧셈을 하시오. (19 ~ 39)

19 $3+2=\square$ **20** $0+8=\square$ **21** $4+0=\square$

22 $3+1=\square$ **23** $0+2=\square$ **24** $2+7=\square$

25 $1+1=\square$ **26** $3+3=\square$ **27** $5+1=\square$

28 $1+3=\square$ **29** $3+4=\square$ **30** $5+4=\square$

31 $1+6=\square$ **32** $3+5=\square$ **33** $7+2=\square$

34 $2+4=\square$ **35** $3+6=\square$ **36** $8+1=\square$

37 $4+4=\square$ **38** $2+6=\square$ **39** $5+2=\square$

학습 날짜
월 일

⏰ 수가 순서대로 쓰여 있는 숫자판이 있습니다. 숫자판 위에 말이 놓인 곳의 수와 도미노의 점의 수를 덧셈식으로 나타내시오. (1~8)

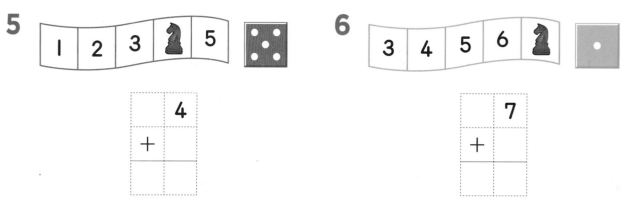

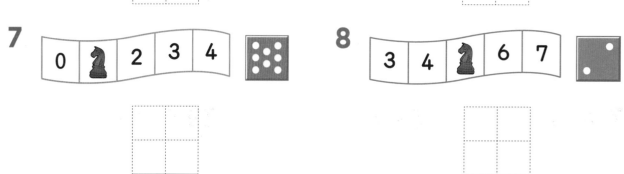

⏰ 덧셈을 하시오. (9 ~ 23)

9
```
    3
+   3
─────
```

10
```
    2
+   6
─────
```

11
```
    5
+   2
─────
```

12
```
    8
+   0
─────
```

13
```
    4
+   2
─────
```

14
```
    6
+   2
─────
```

15
```
    7
+   2
─────
```

16
```
    0
+   3
─────
```

17
```
    2
+   3
─────
```

18
```
    1
+   2
─────
```

19
```
    3
+   4
─────
```

20
```
    4
+   4
─────
```

21
```
    5
+   4
─────
```

22
```
    6
+   1
─────
```

23
```
    6
+   3
─────
```

⏰ 주머니 안에 들어 있는 바둑돌의 수를 구하시오. (1~8)

1   🪙 + ●●● = ●●●●●●●

☐ +3=7

2   🪙 + ●● = ●●●●●

☐ +2=5

3   🪙 + ●●●● = ●●●●●●●●

☐ +4=8

4   🪙 + ●●● = ●●●●●●●●

☐ +3=8

5   ●●●●● + 🪙 = ●●●●●●●

5+ ☐ =7

6   ● + 🪙 = ●●●●●●

1+ ☐ =6

7   ●●●●●● + 🪙 = ●●●●●●●●●

6+ ☐ =9

8   ●● + 🪙 = ●●●●●●

2+ ☐ =6

🕐 □ 안에 알맞은 수를 써넣으시오. (9 ~ 26)

9 $\square+4=6$　　　**10** $\square+1=7$　　　**11** $\square+3=8$

12 $\square+2=6$　　　**13** $\square+6=7$　　　**14** $\square+2=8$

15 $\square+0=9$　　　**16** $\square+5=6$　　　**17** $\square+0=7$

18 $5+\square=9$　　　**19** $2+\square=8$　　　**20** $1+\square=9$

21 $0+\square=2$　　　**22** $1+\square=5$　　　**23** $2+\square=4$

24 $3+\square=6$　　　**25** $4+\square=7$　　　**26** $5+\square=8$

3 한 자리 수의 뺄셈식(1)

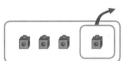

쓰기 4−1=3

읽기 4 빼기 1은 3과 같습니다.

4와 1의 차는 3입니다.

⏰ 그림을 보고 원숭이가 먹고 남은 바나나는 몇 개인지 뺄셈식을 만들어 보시오.

(1~6)

1

$5 - 3 = \boxed{}$

2

$7 - 4 = \boxed{}$

3

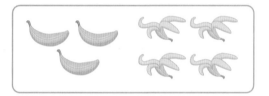

$7 - \boxed{} = \boxed{}$

4

$7 - \boxed{} = \boxed{}$

5

$\boxed{} - \boxed{} = \boxed{}$

6

$\boxed{} - \boxed{} = \boxed{}$

계산은 빠르고 정확하게!

걸린 시간	1~7분	7~10분	10~13분
맞은 개수	10~11개	7~9개	1~6개
평가	참 잘했어요.	잘했어요.	좀더 노력해요.

보기 와 같이 그림에 알맞은 뺄셈식을 쓰고 두 가지 방법으로 읽어 보시오. (7 ~ 11)

보기

쓰기   7 − 5 = 2

읽기   7 빼기 5는 2와 같습니다.

7과 5의 차는 2입니다.

7

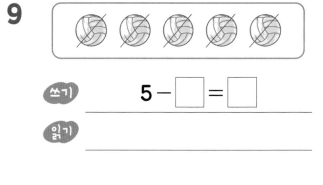

쓰기   7 − ☐ = ☐

읽기   _____

_____

8

쓰기   4 − ☐ = ☐

읽기   _____

_____

9

쓰기   5 − ☐ = ☐

읽기   _____

_____

10

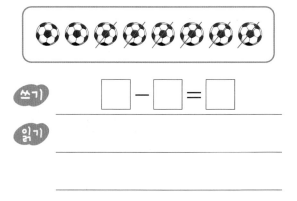

쓰기   ☐ − ☐ = ☐

읽기   _____

_____

11

쓰기   ☐ − ☐ = ☐

읽기   _____

_____

⏰ 그림을 보고 뺄셈식을 쓰시오. (1~8)

1

$5-2=\square$

2

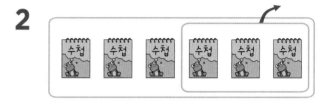

$6-3=\square$

3

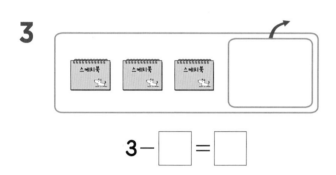

$3-\square=\square$

4

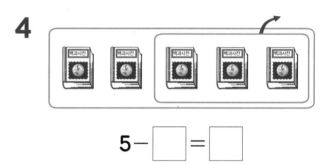

$5-\square=\square$

5

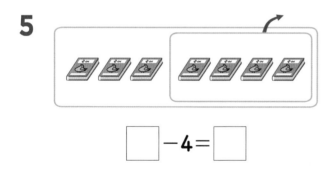

$\square-4=\square$

6

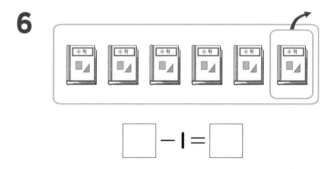

$\square-1=\square$

7

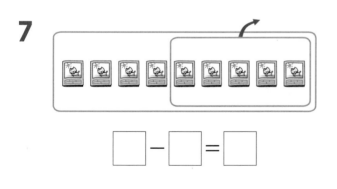

$\square-\square=\square$

8

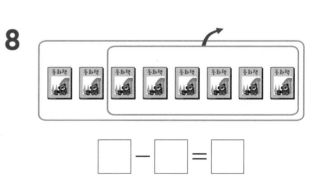

$\square-\square=\square$

계산은 빠르고 정확하게!

걸린 시간	1~8분	8~12분	12~16분
맞은 개수	13~14개	9~12개	1~8개
평가	참 잘했어요.	잘했어요.	좀더 노력해요.

⏰ 그림을 보고 뺄셈식을 쓰고 두 가지 방법으로 읽어 보시오. (9~14)

9

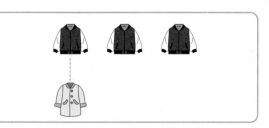

쓰기 _____

읽기 _____

_____

10

쓰기 _____

읽기 _____

_____

11

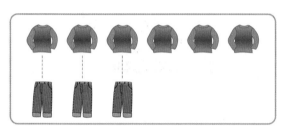

쓰기 _____

읽기 _____

_____

12

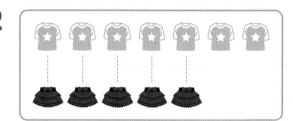

쓰기 _____

읽기 _____

_____

13

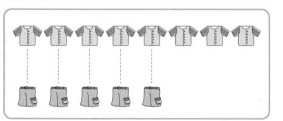

쓰기 _____

읽기 _____

_____

14

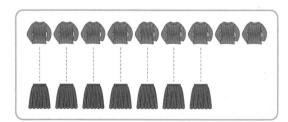

쓰기 _____

읽기 _____

_____

학습 날짜
월 일

⏰ 그림을 보고 뺄셈식을 만들어 보시오. (1~8)

1

$$4 - 3 = \boxed{}$$

2

$$5 - 2 = \boxed{}$$

3

$$6 - \boxed{} = \boxed{}$$

4

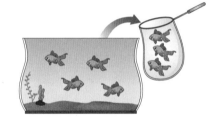

$$7 - \boxed{} = \boxed{}$$

5

$$\boxed{} - 1 = \boxed{}$$

6

$$\boxed{} - 2 = \boxed{}$$

7

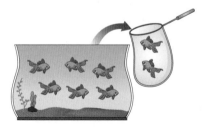

$$\boxed{} - \boxed{} = \boxed{}$$

8

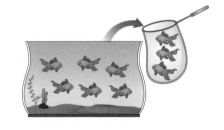

$$\boxed{} - \boxed{} = \boxed{}$$

점의 수를 보고 뺄셈식을 쓰시오. (9~23)

9

$6 - 1 = \boxed{}$

10

$5 - 3 = \boxed{}$

11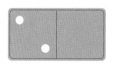

$2 - 0 = \boxed{}$

12

$7 - 2 = \boxed{}$

13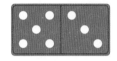

$5 - 3 = \boxed{}$

14

$4 - 3 = \boxed{}$

15

$6 - \boxed{} = \boxed{}$

16

$7 - \boxed{} = \boxed{}$

17

$6 - \boxed{} = \boxed{}$

18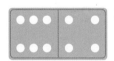

$\boxed{} - 4 = \boxed{}$

19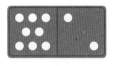

$\boxed{} - 2 = \boxed{}$

20

$\boxed{} - 4 = \boxed{}$

21

$\boxed{} - \boxed{} = \boxed{}$

22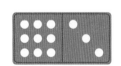

$\boxed{} - \boxed{} = \boxed{}$

23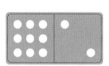

$\boxed{} - \boxed{} = \boxed{}$

4 한 자리 수의 뺄셈(1)

• 가로셈

$$4 - 3 = 1$$

• 세로셈

	4
−	3
	1

⏰ 뺄셈을 하시오. (1 ~ 18)

1 5−3=☐

2 8−5=☐

3 7−2=☐

4 4−4=☐

5 9−4=☐

6 8−3=☐

7 5−1=☐

8 7−3=☐

9 8−2=☐

10 4−3=☐

11 6−6=☐

12 9−0=☐

13 6−2=☐

14 9−7=☐

15 5−4=☐

16 5−2=☐

17 7−5=☐

18 9−5=☐

걸린 시간	1~6분	6~9분	9~12분
맞은 개수	36~39개	28~35개	1~27개
평가	참 잘했어요.	잘했어요.	좀더 노력해요.

빨셈을 하시오. (19 ~ 39)

19 4−2=□ **20** 5−0=□ **21** 6−3=□

22 7−6=□ **23** 6−1=□ **24** 9−1=□

25 9−6=□ **26** 7−7=□ **27** 8−6=□

28 9−2=□ **29** 6−0=□ **30** 9−9=□

31 8−0=□ **32** 4−1=□ **33** 7−1=□

34 8−4=□ **35** 8−1=□ **36** 9−8=□

37 9−3=□ **38** 6−4=□ **39** 8−7=□

4 한 자리 수의 뺄셈(2)

🕐 주머니에서 손에 든 구슬만큼 꺼내었을 때 주머니에 남아 있는 구슬 수를 구하시오.

(1~6)

1

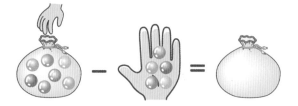

	7
−	5

2

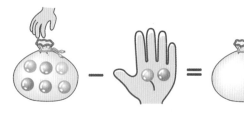

	6
−	2

3

	7
−	7

4

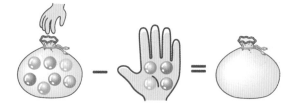

	7
−	4

5

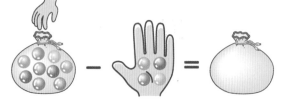

	9
−	4

6

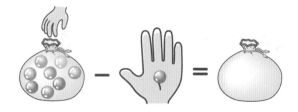

	8
−	1

⏰ 뺄셈을 하시오. (7 ~ 21)

7

```
    5
  - 2
-----
```

8

```
    6
  - 4
-----
```

9

```
    9
  - 1
-----
```

10

```
    8
  - 5
-----
```

11

```
    4
  - 3
-----
```

12

```
    9
  - 6
-----
```

13

```
    8
  - 3
-----
```

14

```
    9
  - 2
-----
```

15

```
    7
  - 3
-----
```

16

```
    5
  - 0
-----
```

17

```
    8
  - 8
-----
```

18

```
    6
  - 5
-----
```

19

```
    8
  - 4
-----
```

20

```
    9
  - 5
-----
```

21

```
    8
  - 6
-----
```

⏰ 주머니 안에 들어 있는 바둑돌의 수를 구하시오. (1~8)

1   ⬭ $-$ •• $=$ •••

$\boxed{}-2=3$

2   ⬭ $-$ ••• $=$ ••••

$\boxed{}-3=5$

3   ⬭ $-$ •••• $=$ •••

$\boxed{}-4=3$

4   ⬭ $-$ •• $=$ •••••

$\boxed{}-2=7$

5   •••••• $-$ ⬭ $=$ ••

$7-\boxed{}=2$

6   •••••• $-$ ⬭ $=$ ••

$6-\boxed{}=2$

7   •••••• $-$ ⬭ $=$ ••

$8-\boxed{}=2$

8   •••••••• $-$ ⬭ $=$ ••••

$9-\boxed{}=4$

걸린 시간	1~10분	10~13분	13~16분
맞은 개수	29~32개	22~28개	1~21개
평가	참 잘했어요.	잘했어요.	좀더 노력해요.

□ 안에 알맞은 수를 써넣으시오. (9 ~ 32)

9 □−3=4

10 □−4=0

11 □−0=8

12 □−5=2

13 □−6=3

14 □−2=7

15 □−4=2

16 □−3=3

17 □−6=2

18 □−3=5

19 □−0=4

20 □−5=4

21 3−□=0

22 7−□=4

23 9−□=8

24 7−□=5

25 5−□=3

26 8−□=3

27 6−□=0

28 6−□=6

29 5−□=1

30 9−□=3

31 7−□=1

32 8−□=2

1+3=4를 보고 뺄셈식 만들기

$$1+3=4 \begin{cases} 4-3=1 \\ 4-1=3 \end{cases}$$

하나의 덧셈식으로 **2**개의 뺄셈식을 만들 수 있어요.

⏰ 덧셈식을 보고 뺄셈식을 만들어 보시오. (1~8)

1 3+2=☐
↓
☐−3=2

2 3+4=☐
↓
☐−3=4

3 2+5=☐
↓
☐−2=☐

4 3+5=☐
↓
☐−3=☐

5 4+2=☐
↓
☐−4=☐

6 4+4=☐
↓
☐−4=☐

7 2+6=☐
↓
☐−2=☐

8 3+6=☐
↓
☐−3=☐

계산은 빠르고 정확하게!

걸린 시간	1~6분	6~8분	8~10분
맞은 개수	17~18개	13~16개	1~12개
평가	참 잘했어요.	잘했어요.	좀더 노력해요.

⏰ 덧셈식을 보고 뺄셈식을 만들어 보시오. (9 ~ 18)

9 5+1= ☐

↓

☐ −1=5

10 1+6= ☐

↓

☐ −6=1

11 3+4= ☐

↓

☐ −4= ☐

12 2+3= ☐

↓

☐ −3= ☐

13 6+2= ☐

↓

☐ −2= ☐

14 4+5= ☐

↓

☐ −5= ☐

15 2+7= ☐

↓

☐ −7= ☐

16 3+5= ☐

↓

☐ −5= ☐

17 4+2= ☐

↓

☐ −2= ☐

18 3+6= ☐

↓

☐ −6= ☐

5 덧셈식을 보고 뺄셈식 만들기(2)

⏰ 덧셈식을 보고 뺄셈식을 만들어 보시오. (1~10)

1 $2+4=\boxed{}$ $<$ $6-\boxed{}=4$
$6-\boxed{}=2$

2 $3+2=\boxed{}$ $<$ $5-\boxed{}=2$
$5-\boxed{}=3$

3 $2+5=\boxed{}$ $<$ $7-\boxed{}=5$
$7-\boxed{}=2$

4 $6+2=\boxed{}$ $<$ $8-\boxed{}=2$
$8-\boxed{}=6$

5 $1+7=\boxed{}$ $<$ $8-\boxed{}=7$
$8-\boxed{}=1$

6 $7+2=\boxed{}$ $<$ $9-\boxed{}=2$
$9-\boxed{}=7$

7 $3+4=\boxed{}$ $<$ $7-\boxed{}=4$
$7-\boxed{}=3$

8 $5+4=\boxed{}$ $<$ $9-\boxed{}=4$
$9-\boxed{}=5$

9 $6+3=\boxed{}$ $<$ $9-\boxed{}=3$
$9-\boxed{}=6$

10 $5+3=\boxed{}$ $<$ $8-\boxed{}=3$
$8-\boxed{}=5$

계산은 빠르고 정확하게!

걸린 시간	1~6분	6~9분	9~12분
맞은 개수	17~18개	14~16개	1~13개
평가	참 잘했어요.	잘했어요.	좀더 노력해요.

⏰ 덧셈식을 보고 뺄셈식을 만들어 보시오. (11 ~ 18)

11

$4+2=$ ☐ $<$ $6-4=$ ☐

$6-$ ☐ $=$ ☐

12

$4+3=$ ☐ $<$ $7-4=$ ☐

☐ $-3=$ ☐

13

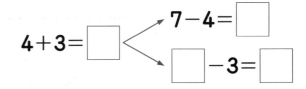

$4+1=$ ☐ $<$ $5-4=$ ☐

☐ $-1=$ ☐

14

$3+5=$ ☐ $<$ ☐ $-3=$ ☐

$8-5=$ ☐

15

$1+3=$ ☐ $<$ ☐ $-1=$ ☐

☐ $-3=$ ☐

16

$2+1=$ ☐ $<$ ☐ $-2=$ ☐

☐ $-1=$ ☐

17

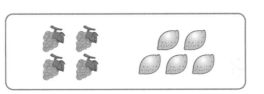

$4+5=$ ☐ $<$ ☐ $-4=$ ☐

☐ $-5=$ ☐

18

$2+7=$ ☐ $<$ ☐ $-2=$ ☐

☐ $-7=$ ☐

빨셈식을 보고 덧셈식 만들기(1)

5−3=2를 보고 덧셈식 만들기

$$5-3=2 \begin{cases} 2+3=5 \\ 3+2=5 \end{cases}$$

하나의 빨셈식을 이용하여
2개의 덧셈식을 만들 수 있어요.

⏰ 빨셈식을 보고 덧셈식을 만들어 보시오. (1~8)

1 5−1=4
↓
1+4=☐

2 7−4=3
↓
4+3=☐

3 6−5=☐
↓
5+☐=☐

4 8−5=☐
↓
5+☐=☐

5 8−2=☐
↓
2+☐=☐

6 9−3=☐
↓
3+☐=☐

7 7−5=☐
↓
5+☐=☐

8 7−3=☐
↓
3+☐=☐

계산은 빠르고 정확하게!

걸린 시간	1~6분	6~9분	9~12분
맞은 개수	17~18개	13~16개	1~12개
평가	참 잘했어요.	잘했어요.	좀더 노력해요.

⏰ 뺄셈식을 보고 덧셈식을 만들어 보시오. (9 ~ 18)

9 4−3=☐

↓

☐+3=4

10 5−2=☐

↓

☐+2=5

11 6−4=☐

↓

☐+4=☐

12 7−6=☐

↓

☐+6=☐

13 8−3=☐

↓

☐+3=☐

14 9−2=☐

↓

☐+2=☐

15 8−4=☐

↓

☐+4=☐

16 5−4=☐

↓

☐+4=☐

17 6−2=☐

↓

☐+2=☐

18 9−4=☐

↓

☐+4=☐

⏰ 빨셈식을 보고 덧셈식을 만들어 보시오. (1~10)

1 $5-2=\boxed{}$ ⟨ $3+\boxed{}=5$
    $2+\boxed{}=5$

2 $6-2=\boxed{}$ ⟨ $4+\boxed{}=6$
    $2+\boxed{}=6$

3 $7-1=\boxed{}$ ⟨ $6+\boxed{}=7$
    $1+\boxed{}=7$

4 $7-3=\boxed{}$ ⟨ $4+\boxed{}=7$
    $3+\boxed{}=7$

5 $8-3=\boxed{}$ ⟨ $5+\boxed{}=8$
    $3+\boxed{}=8$

6 $6-5=\boxed{}$ ⟨ $1+\boxed{}=6$
    $5+\boxed{}=6$

7 $7-5=\boxed{}$ ⟨ $2+\boxed{}=7$
    $5+\boxed{}=7$

8 $9-2=\boxed{}$ ⟨ $7+\boxed{}=9$
    $2+\boxed{}=9$

9 $9-4=\boxed{}$ ⟨ $5+\boxed{}=9$
    $4+\boxed{}=9$

10 $9-3=\boxed{}$ ⟨ $6+\boxed{}=9$
    $3+\boxed{}=9$

계산은 빠르고 정확하게!

걸린 시간	1~6분	6~9분	9~12분
맞은 개수	17~18개	14~16개	1~13개
평가	참 잘했어요.	잘했어요.	좀더 노력해요.

⏰ 뺄셈식을 보고 덧셈식을 만들어 보시오. (11~18)

11

$5-3=2$
$2+\boxed{}=5$
$\boxed{}+\boxed{}=5$

12

$3-2=\boxed{}$
$\boxed{}+2=\boxed{}$
$\boxed{}+1=\boxed{}$

13

$5-1=\boxed{}$
$\boxed{}+1=5$
$1+\boxed{}=5$

14

$5-0=\boxed{}$
$5+\boxed{}=5$
$\boxed{}+5=5$

15

$7-2=\boxed{}$
$5+\boxed{}=\boxed{}$
$\boxed{}+5=7$

16

$8-5=\boxed{}$
$\boxed{}+5=\boxed{}$
$5+\boxed{}=\boxed{}$

17

$9-3=\boxed{}$
$\boxed{}+3=\boxed{}$
$3+\boxed{}=\boxed{}$

18

$8-2=\boxed{}$
$\boxed{}+2=\boxed{}$
$2+\boxed{}=\boxed{}$

7 세 수의 덧셈과 뺄셈 (1)

세 수의 덧셈과 뺄셈은 앞에서부터 차례로 계산합니다.

$$4+2+1=6+1=7$$
$$\underset{6}{\vee}$$

$$4+2-1=6-1=5$$
$$\underset{6}{\vee}$$

$$4-2-1=2-1=1$$
$$\underset{2}{\vee}$$

$$4-2+1=2+1=3$$
$$\underset{2}{\vee}$$

⏰ 덧셈식을 만들어 보시오. (1~6)

1

2	+	3	+	1	=	

2

4	+	2	+	2	=	

3

4

5

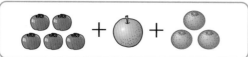

6

⏰ 계산을 하시오. (7~14)

7 $2+1+3=\boxed{}$

$2+1=\boxed{}$

$\boxed{}+3=\boxed{}$

8 $2+3+2=\boxed{}$

$2+3=\boxed{}$

$\boxed{}+2=\boxed{}$

9 $3+1+3=\boxed{}$

$3+1=\boxed{}$

$\boxed{}+3=\boxed{}$

10 $1+4+3=\boxed{}$

$1+4=\boxed{}$

$\boxed{}+3=\boxed{}$

11 $4+2+1=\boxed{}$

$4+2=\boxed{}$

$\boxed{}+1=\boxed{}$

12 $2+4+2=\boxed{}$

$2+4=\boxed{}$

$\boxed{}+2=\boxed{}$

13 $2+5+2=\boxed{}$

$2+5=\boxed{}$

$\boxed{}+2=\boxed{}$

14 $5+3+1=\boxed{}$

$5+3=\boxed{}$

$\boxed{}+1=\boxed{}$

⏰ 남은 구슬의 수를 알아보는 뺄셈식을 쓰시오. (1~8)

1

7 − 1 − 1 =

2

6 − 2 − 2 =

3

7 − 2 − 1 =

4

6 − 2 − 3 =

5

8 − 3 − 1 =

6

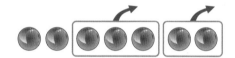

7 − 2 − 3 =

7

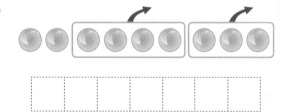

8

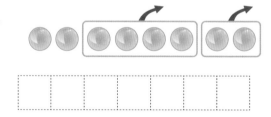

계산은 빠르고 정확하게!

걸린 시간	1~6분	6~8분	8~10분
맞은 개수	15~16개	11~14개	1~10개
평가	참 잘했어요.	잘했어요.	좀더 노력해요.

🕐 계산을 하시오. (9 ~ 16)

9 5 − 2 − 1 = ☐ ←

5 − 2 = ☐

☐ − 1 = ☐

10 6 − 3 − 2 = ☐ ←

6 − 3 = ☐

☐ − 2 = ☐

11 7 − 2 − 3 = ☐ ←

7 − 2 = ☐

☐ − 3 = ☐

12 7 − 4 − 2 = ☐ ←

7 − 4 = ☐

☐ − 2 = ☐

13 8 − 3 − 3 = ☐ ←

8 − 3 = ☐

☐ − 3 = ☐

14 8 − 4 − 2 = ☐ ←

8 − 4 = ☐

☐ − 2 = ☐

15 9 − 2 − 4 = ☐ ←

9 − 2 = ☐

☐ − 4 = ☐

16 9 − 3 − 3 = ☐ ←

9 − 3 = ☐

☐ − 3 = ☐

7 세 수의 덧셈과 뺄셈 (3)

⏰ 계산을 하시오. (1~8)

1 $5+2-3=\boxed{}$

$5+2=\boxed{}$

$\boxed{}-3=\boxed{}$

2 $6+2-4=\boxed{}$

$6+2=\boxed{}$

$\boxed{}-4=\boxed{}$

3 $4+2-3=\boxed{}$

$4+2=\boxed{}$

$\boxed{}-3=\boxed{}$

4 $3+3-4=\boxed{}$

$3+3=\boxed{}$

$\boxed{}-4=\boxed{}$

5 $7+2-4=\boxed{}$

$7+2=\boxed{}$

$\boxed{}-4=\boxed{}$

6 $8+1-3=\boxed{}$

$8+1=\boxed{}$

$\boxed{}-3=\boxed{}$

7 $6+3-2=\boxed{}$

$6+3=\boxed{}$

$\boxed{}-2=\boxed{}$

8 $5+3-6=\boxed{}$

$5+3=\boxed{}$

$\boxed{}-6=\boxed{}$

계산은 빠르고 정확하게!

걸린 시간	1~6분	6~9분	9~12분
맞은 개수	15~16개	11~14개	1~10개
평가	참 잘했어요.	잘했어요.	좀더 노력해요.

계산을 하시오. (9~16)

9 $2+6-3=\square$

$2+6=\square$

$\square-3=\square$

10 $3+4-5=\square$

$3+4=\square$

$\square-5=\square$

11 $2+5-4=\square$

$2+5=\square$

$\square-4=\square$

12 $1+7-4=\square$

$1+7=\square$

$\square-4=\square$

13 $3+6-2=\square$

$\square+\square=\square$

$\square-2=\square$

14 $4+3-2=\square$

$\square+\square=\square$

$\square-2=\square$

15 $2+7-5=\square$

$\square+\square=\square$

$\square-\square=\square$

16 $3+5-4=\square$

$\square+\square=\square$

$\square-\square=\square$

⏰ 계산을 하시오. (1~8)

1 8−4+3= ☐

8−4= ☐

☐ +3= ☐

2 5−2+3= ☐

5−2= ☐

☐ +3= ☐

3 8−6+1= ☐

8−6= ☐

☐ +1= ☐

4 6−2+4= ☐

6−2= ☐

☐ +4= ☐

5 7−4+2= ☐

7−4= ☐

☐ +2= ☐

6 8−6+7= ☐

8−6= ☐

☐ +7= ☐

7 7−5+4= ☐

7−5= ☐

☐ +4= ☐

8 6−5+7= ☐

6−5= ☐

☐ +7= ☐

계산은 빠르고 정확하게!

걸린 시간	1~6분	6~9분	9~12분
맞은 개수	15~16개	11~14개	1~10개
평가	참 잘했어요.	잘했어요.	좀더 노력해요.

계산을 하시오. (9~16)

9 5−3+6= □

5−3= □

□ +6= □

10 4−3+7= □

4−3= □

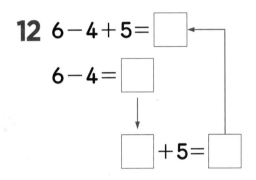

□ +7= □

11 8−5+4= □

8−5= □

□ +4= □

12 6−4+5= □

6−4= □

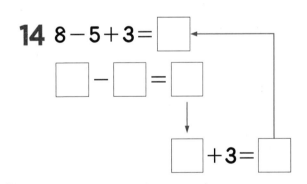

□ +5= □

13 7−2+3= □

□ − □ = □

□ +3= □

14 8−5+3= □

□ − □ = □

□ +3= □

15 4−2+6= □

□ − □ = □

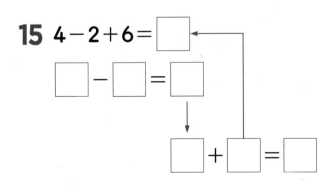

□ + □ = □

16 9−6+5= □

□ − □ = □

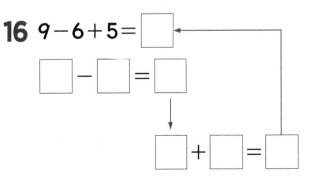

□ + □ = □

8 신기한 연산(1)

학습 날짜
월
일

⏰ 위에서 아래로, 왼쪽에서 오른쪽으로 두 수의 합을 구하시오. (1~6)

1
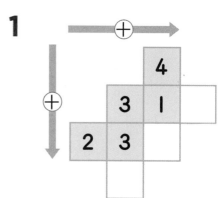

2
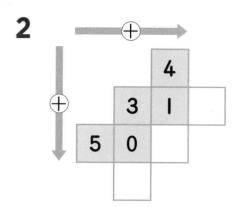

3
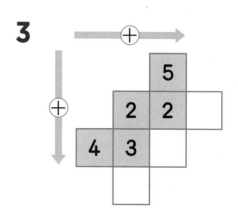

4
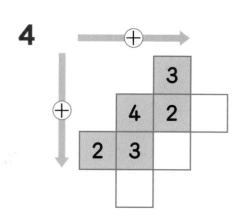

5
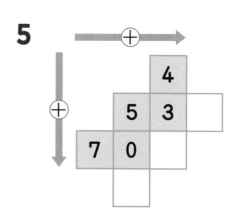

6
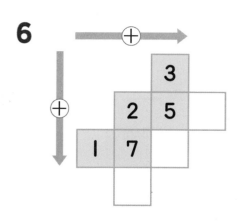

⏰ 위에서 아래로, 왼쪽에서 오른쪽으로 두 수의 차를 구하시오. (7 ~ 14)

7

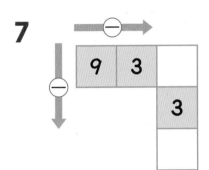

8

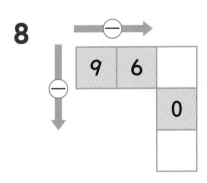

9

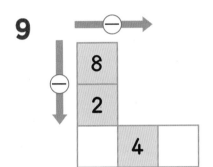

10

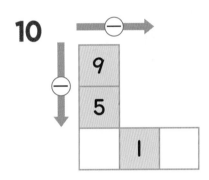

11

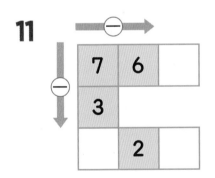

12

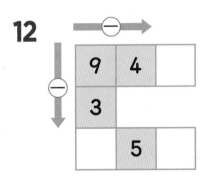

13

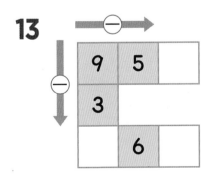

14

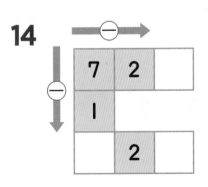

⏰ 세 수를 이용하여 덧셈식 2개와 뺄셈식 2개를 만들어 보시오. (1~5)

1 | 3 | 5 | 8 |

□ + □ = □ , □ + □ = □

□ − □ = □ , □ − □ = □

2 | 4 | 9 | 5 |

□ + □ = □ , □ + □ = □

□ − □ = □ , □ − □ = □

3 | 3 | 7 | 4 |

□ + □ = □ , □ + □ = □

□ − □ = □ , □ − □ = □

4 | 9 | 1 | 8 |

□ + □ = □ , □ + □ = □

□ − □ = □ , □ − □ = □

5 | 2 | 3 | 5 |

□ + □ = □ , □ + □ = □

□ − □ = □ , □ − □ = □

⏰ 세 수를 이용하여 덧셈식 2개와 뺄셈식 2개를 만들어 보시오. (6~10)

6

$\square + \square = \square$, $\square + \square = \square$

$\square - \square = \square$, $\square - \square = \square$

7

9 2 7

$\square + \square = \square$, $\square + \square = \square$

$\square - \square = \square$, $\square - \square = \square$

8

3 9 6

$\square + \square = \square$, $\square + \square = \square$

$\square - \square = \square$, $\square - \square = \square$

9

5 2 7

$\square + \square = \square$, $\square + \square = \square$

$\square - \square = \square$, $\square - \square = \square$

10

4 6 2

$\square + \square = \square$, $\square + \square = \square$

$\square - \square = \square$, $\square - \square = \square$

확인 평가

⏰ 그림을 보고 덧셈식을 쓰시오. (1 ~ 2)

1
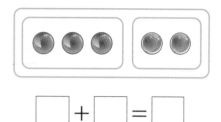

☐ + ☐ = ☐

2
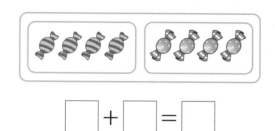

☐ + ☐ = ☐

⏰ 그림에 알맞은 덧셈식을 쓰고 두 가지 방법으로 읽어 보시오. (3 ~ 4)

3

쓰기 _____

읽기 _____

_____

4

쓰기 _____

읽기 _____

_____

⏰ 덧셈을 하시오. (5 ~ 10)

5 5+3= ☐

6 2+4= ☐

7 6+0= ☐

8
```
    4
+   3
─────
```

9
```
    4
+   5
─────
```

10
```
    2
+   5
─────
```

⏰ 그림을 보고 뺄셈식을 쓰시오. (11 ~ 12)

11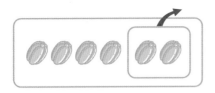

$$6-2=\boxed{}$$

12

$$\boxed{}-\boxed{}=\boxed{}$$

⏰ 그림에 알맞은 뺄셈식을 쓰고 두 가지 방법으로 읽어 보시오. (13 ~ 14)

13

쓰기 _____

읽기 _____

_____

14

쓰기 _____

읽기 _____

_____

⏰ 뺄셈을 하시오. (15 ~ 20)

15 $6-5=\boxed{}$

16 $8-2=\boxed{}$

17 $3-0=\boxed{}$

18
$$\begin{array}{r} 8 \\ -\ 3 \\ \hline \end{array}$$

19
$$\begin{array}{r} 6 \\ -\ 4 \\ \hline \end{array}$$

20
$$\begin{array}{r} 9 \\ -\ 2 \\ \hline \end{array}$$

🕐 덧셈식을 보고 뺄셈식을 만들어 보시오. (21 ~ 24)

21 $4+2=\boxed{}$

$\boxed{}-4=\boxed{}$

22 $5+1=\boxed{}$

$\boxed{}-1=\boxed{}$

23 $2+5=\boxed{}$

$\boxed{}-2=\boxed{}$

24 $6+2=\boxed{}$

$\boxed{}-2=\boxed{}$

🕐 뺄셈식을 보고 덧셈식을 만들어 보시오. (25 ~ 28)

25 $5-4=\boxed{}$

$4+\boxed{}=5$

26 $6-2=\boxed{}$

$\boxed{}+2=\boxed{}$

27 $7-3=\boxed{}$

$\boxed{}+\boxed{}=\boxed{}$

28 $9-5=\boxed{}$

$\boxed{}+\boxed{}=\boxed{}$

🕐 계산을 하시오. (29 ~ 32)

29 $5+2+2=\boxed{}$

30 $7-2-3=\boxed{}$

31 $5+3-4=\boxed{}$

32 $9-5+3=\boxed{}$

Memo

초등 수학의 기본은 연산력!!

신기한 연산왕

정답 A-1

초1
수준

정답

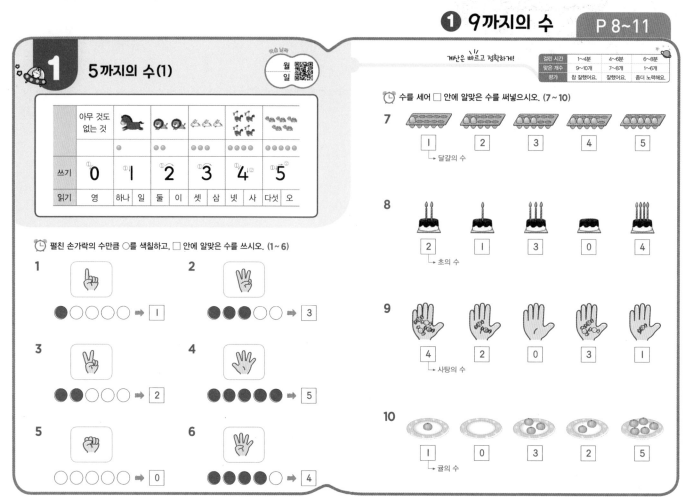

1 5까지의 수(1)

월 일

	아무 것도 없는 것								
쓰기	0	1	2	3	4	5
읽기	영	하나	일	둘	이	셋	삼	넷	사	다섯	오

펼친 손가락의 수만큼 ○를 색칠하고, □ 안에 알맞은 수를 쓰시오. (1~6)

1 ●○○○○ ➡ 1

2 ●●●○○ ➡ 3

3 ●●○○○ ➡ 2

4 ●●●●● ➡ 5

5 ○○○○○ ➡ 0

6 ●●●●○ ➡ 4

계산은 빠르고 정확하게!

걸린 시간	1~4분	4~6분	6~8분
맞은 개수	9~10개	7~8개	1~6개
평가	참 잘했어요.	잘했어요.	좀더 노력해요.

수를 세어 □ 안에 알맞은 수를 써넣으시오. (7~10)

7 1 2 3 4 5
→ 달걀의 수

8 2 1 3 0 4
→ 초의 수

9 4 2 0 3 1
→ 사탕의 수

10 1 0 3 2 5
→ 귤의 수

1 5까지의 수(2)

월 일

수를 세어 ○표 하시오. (1~8)

1 0 1 ② 3 4 5

2 0 1 2 ③ 4 5

3 0 1 2 3 4 ⑤

4 0 ① 2 3 4 5

5 0 1 2 3 ④ 5

6 ⓪ 1 2 3 4 5

7 0 1 2 ③ 4 5

8 0 1 2 3 4 ⑤

계산은 빠르고 정확하게!

걸린 시간	1~4분	4~6분	6~8분
맞은 개수	19~20개	14~18개	1~13개
평가	참 잘했어요.	잘했어요.	좀더 노력해요.

수를 세어 □ 안에 알맞은 수를 써넣으시오. (9~20)

9 ➡ 1

10 ➡ 3

11 ➡ 4

12 ➡ 5

13 ➡ 3

14 ➡ 2

15 ➡ 5

16 ➡ 0

17 ➡ 2

18 ➡ 4

19 ➡ 0

20 ➡ 1

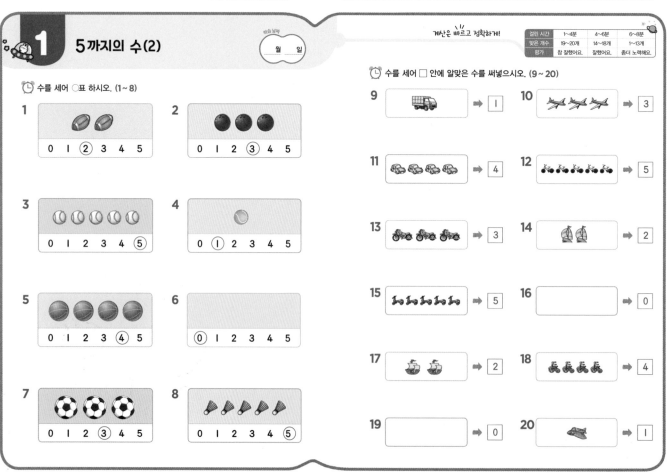

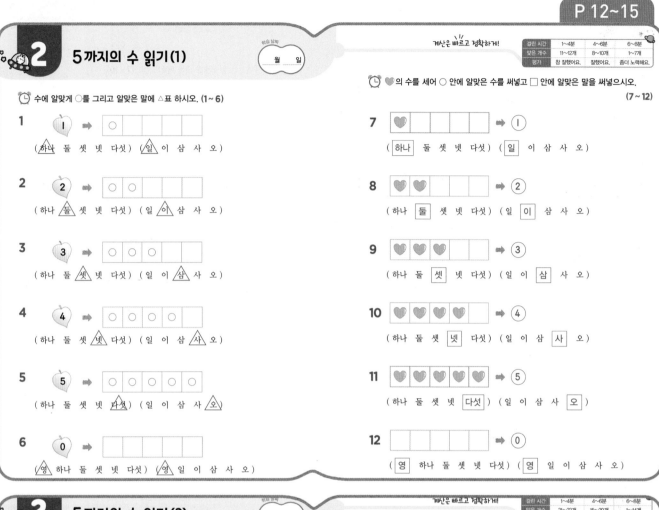

2 5까지의 수 읽기(1)

월 일

계산은 빠르고 정확하게!

걸린 시간	1~4분	4~6분	6~8분
맞은 개수	11~12개	8~10개	1~7개
평가	참 잘했어요.	잘했어요.	좀더 노력해요.

⏰ 수에 알맞게 ◯를 그리고 알맞은 말에 △표 하시오. (1~6)

1 🍎 1 ➡ ◯ □ □ □ □
(△하나 둘 셋 넷 다섯) (△일 이 삼 사 오)

2 🍎 2 ➡ ◯ ◯ □ □ □
(하나 △둘 셋 넷 다섯) (일 △이 삼 사 오)

3 🍎 3 ➡ ◯ ◯ ◯ □ □
(하나 둘 △셋 넷 다섯) (일 이 △삼 사 오)

4 🍎 4 ➡ ◯ ◯ ◯ ◯ □
(하나 둘 셋 △넷 다섯) (일 이 삼 △사 오)

5 🍎 5 ➡ ◯ ◯ ◯ ◯ ◯
(하나 둘 셋 넷 △다섯) (일 이 삼 사 △오)

6 🍎 0 ➡ □ □ □ □ □
(△영 하나 둘 셋 넷 다섯) (△영 일 이 삼 사 오)

⏰ ♥의 수를 세어 ◯ 안에 알맞은 수를 써넣고 □ 안에 알맞은 말을 써넣으시오.
(7~12)

7 ♥ □ □ □ □ ➡ ①
(하나 둘 셋 넷 다섯) (일 이 삼 사 오)

8 ♥ ♥ □ □ □ ➡ ②
(하나 둘 셋 넷 다섯) (일 이 삼 사 오)

9 ♥ ♥ ♥ □ □ ➡ ③
(하나 둘 셋 넷 다섯) (일 이 삼 사 오)

10 ♥ ♥ ♥ ♥ □ ➡ ④
(하나 둘 셋 넷 다섯) (일 이 삼 사 오)

11 ♥ ♥ ♥ ♥ ♥ ➡ ⑤
(하나 둘 셋 넷 다섯) (일 이 삼 사 오)

12 □ □ □ □ □ ➡ ⓪
(영 하나 둘 셋 넷 다섯) (영 일 이 삼 사 오)

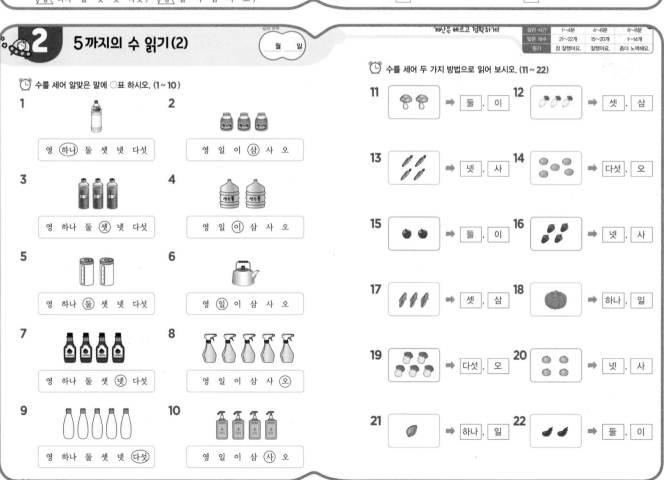

2 5까지의 수 읽기(2)

월 일

계산은 빠르고 정확하게!

걸린 시간	1~4분	4~6분	6~8분
맞은 개수	21~22개	15~20개	1~14개
평가	참 잘했어요.	잘했어요.	좀더 노력해요.

⏰ 수를 세어 알맞은 말에 ◯표 하시오. (1~10)

1 영 ⓗ하나 둘 셋 넷 다섯

2 영 일 이 ⓢ삼 사 오

3 영 하나 둘 ⓢ셋 넷 다섯

4 영 일 ⓘ이 삼 사 오

5 영 하나 ⓓ둘 셋 넷 다섯

6 영 ⓘ일 이 삼 사 오

7 영 하나 둘 셋 ⓝ넷 다섯

8 영 일 이 삼 사 ⓞ오

9 영 하나 둘 셋 넷 ⓓ다섯

10 영 일 이 삼 ⓢ사 오

⏰ 수를 세어 두 가지 방법으로 읽어 보시오. (11~22)

11 ➡ 둘 . 이
12 ➡ 셋 . 삼
13 ➡ 넷 . 사
14 ➡ 다섯 . 오
15 ➡ 둘 . 이
16 ➡ 넷 . 사
17 ➡ 셋 . 삼
18 ➡ 하나 . 일
19 ➡ 다섯 . 오
20 ➡ 넷 . 사
21 ➡ 하나 . 일
22 ➡ 둘 . 이

3 9까지의 수(1)

월 일

계산은 빠르고 정확하게!	걸린 시간	1~5분	5~7분	7~10분
	맞은 개수	9~10개	7~8개	1~6개
	평가	참 잘했어요.	잘했어요.	좀더 노력해요.

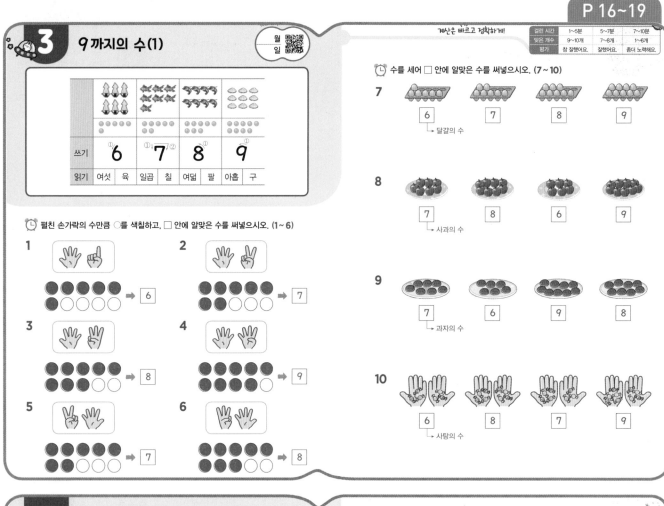

수를 세어 □ 안에 알맞은 수를 써넣으시오. (7~10)

7 6 7 8 9
└ 달걀의 수

8 7 8 6 9
└ 사과의 수

9 7 6 9 8
└ 과자의 수

10 6 8 7 9
└ 사탕의 수

3 9까지의 수(2)

월 일

계산은 빠르고 정확하게!	걸린 시간	1~4분	4~6분	6~8분
	맞은 개수	17~18개	14~16개	1~13개
	평가	참 잘했어요.	잘했어요.	좀더 노력해요.

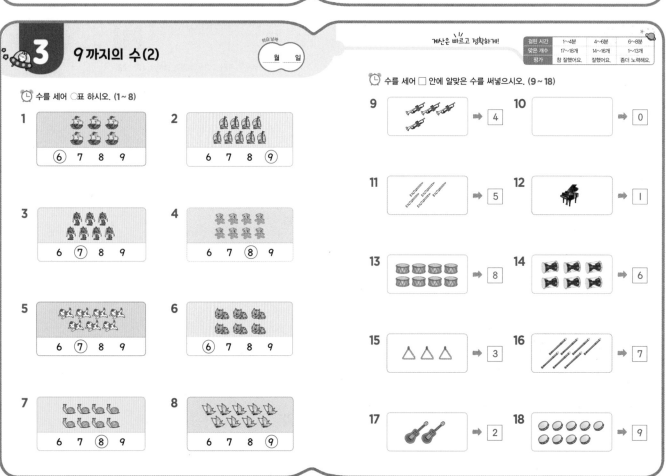

수를 세어 □ 안에 알맞은 수를 써넣으시오. (9~18)

9 ➡ 4   10 ➡ 0

11 ➡ 5   12 ➡ 1

13 ➡ 8   14 ➡ 6

15 ➡ 3   16 ➡ 7

17 ➡ 2   18 ➡ 9

4 **9까지의 수 읽기(1)**

학습 날짜 월 일

계산은 빠르고 정확하게!

걸린 시간	1~3분	3~5분	5~7분
맞은 개수	7~8개	5~6개	1~4개
평가	참 잘했어요	잘했어요	좀더 노력해요

⏰ 수에 알맞게 ○를 그리고 알맞은 말에 △표 하시오. (1 ~ 4)

1 🐟 6 ➡ ○ ○ ○ ○ ○ ○ [ ] [ ] [ ]

(하나 둘 셋 넷 다섯 여섯 일곱 여덟 아홉)
(일 이 삼 사 오 △육 칠 팔 구)

2 🐟 7 ➡ ○ ○ ○ ○ ○ ○ ○ [ ] [ ]

(하나 둘 셋 넷 다섯 여섯 △일곱 여덟 아홉)
(일 이 삼 사 오 육 △칠 팔 구)

3 🐟 8 ➡ ○ ○ ○ ○ ○ ○ ○ ○ [ ]

(하나 둘 셋 넷 다섯 여섯 일곱 △여덟 아홉)
(일 이 삼 사 오 육 칠 △팔 구)

4 🐟 9 ➡ ○ ○ ○ ○ ○ ○ ○ ○ ○

(하나 둘 셋 넷 다섯 여섯 일곱 여덟 △아홉)
(일 이 삼 사 오 육 칠 팔 △구)

⏰ ◆의 수를 세어 ○ 안에 알맞은 수를 써넣고 □ 안에 알맞은 말을 써넣으시오.

(5 ~ 8)

5 ◆ ◆ ◆ ◆ ◆ ◆ [ ] [ ] [ ] ➡ 🐸 6

(하나 둘 셋 넷 다섯 |여섯| 일곱 여덟 아홉)
(일 이 삼 사 오 |육| 칠 팔 구)

6 ◆ ◆ ◆ ◆ ◆ ◆ ◆ [ ] [ ] ➡ 🐸 7

(하나 둘 셋 넷 다섯 여섯 |일곱| 여덟 아홉)
(일 이 삼 사 오 육 |칠| 팔 구)

7 ◆ ◆ ◆ ◆ ◆ ◆ ◆ ◆ [ ] ➡ 🐸 8

(하나 둘 셋 넷 다섯 여섯 일곱 |여덟| 아홉)
(일 이 삼 사 오 육 칠 |팔| 구)

8 ◆ ◆ ◆ ◆ ◆ ◆ ◆ ◆ ◆ ➡ 🐸 9

(하나 둘 셋 넷 다섯 여섯 일곱 여덟 |아홉|)
(일 이 삼 사 오 육 칠 팔 |구|)

 4 **9까지의 수 읽기(2)**

학습 날짜 월 일

계산은 빠르고 정확하게!

걸린 시간	1~4분	4~6분	6~8분
맞은 개수	15~16개	12~14개	1~11개
평가	참 잘했어요	잘했어요	좀더 노력해요

⏰ 수를 세어 알맞은 말에 ○표 하시오. (1 ~ 8)

1
여섯 (일곱) 여덟 아홉

2
(육) 칠 팔 구

3
여섯 일곱 여덟 (아홉)

4
육 칠 (팔) 구

5
(여섯) 일곱 여덟 아홉

6
육 칠 팔 (구)

7
여섯 일곱 (여덟) 아홉

8
육 (칠) 팔 구

⏰ 수를 세어 두 가지 방법으로 읽어 보시오. (9 ~ 16)

9
➡ |일곱| , |칠|

10
➡ |아홉| , |구|

11
➡ |여덟| , |팔|

12
➡ |일곱| , |칠|

13
➡ |아홉| , |구|

14
➡ |여섯| , |육|

15
➡ |여섯| , |육|

16
➡ |여덟| , |팔|

정답

P 24~27

5 9까지의 수의 순서(1)

 월 일

(1) 수를 순서대로 쓰면 1, 2, 3, 4, 5, 6, 7, 8, 9입니다.
(2) 수의 순서를 거꾸로 쓰면 9, 8, 7, 6, 5, 4, 3, 2, 1입니다.

순서에 알맞게 쓰시오. (1 ~ 10)

1  (1 2 3 4)

2  (둘 셋 넷 다섯)

3  (4 5 6 7)

4  (셋 넷 다섯 여섯)

5  (5 6 7 8)

6  (여섯 일곱 여덟 아홉)

7  (6 7 8 9)

8  (다섯 여섯 일곱 여덟)

9  (3 4 5 6)

10  (넷 다섯 여섯 일곱)

계산은 빠르고 정확하게!

걸린 시간	1~5분	5~7분	7~10분
맞은 개수	18~19개	13~17개	1~12개
평가	참 잘했어요.	잘했어요.	좀더 노력해요.

순서에 알맞게 쓰시오. (11 ~ 19)

11  하나 둘 셋 넷 다섯 여섯 일곱 여덟 아홉

12 1 2 3 4 5 6 7 8 9

13  일 이 삼 사 오 육 칠 팔 구

14  하나 둘 셋 넷 다섯 여섯 일곱 여덟 아홉

15 1 2 3 4 5 6 7 8 9

16  일 이 삼 사 오 육 칠 팔 구

17  하나 둘 셋 넷 다섯 여섯 일곱 여덟 아홉

18 1 2 3 4 5 6 7 8 9

19 일 이 삼 사 오 육 칠 팔 구

5 9까지의 수의 순서(2)

월 일

순서를 거꾸로 하여 알맞게 쓰시오. (1 ~ 12)

1 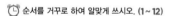 (6 5 4 3)

2  (일곱 여섯 다섯 넷)

3  (9 8 7 6)

4  (여덟 일곱 여섯 다섯)

5  (7 6 5 4)

6 (다섯 넷 셋 둘)

7  (5 4 3 2)

8 (아홉 여덟 일곱 여섯)

9  (8 7 6 5)

10 (넷 셋 둘 하나)

11  (9 8 7 6)

12 (여섯 다섯 넷 셋)

계산은 빠르고 정확하게!

걸린 시간	1~5분	5~7분	7~10분
맞은 개수	17~18개	14~16개	1~13개
평가	참 잘했어요.	잘했어요.	좀더 노력해요.

순서를 거꾸로 하여 알맞게 쓰시오. (13 ~ 18)

13 9 8 7 6 5 4 3 2 1

14 아홉 여덟 일곱 여섯 다섯 넷 셋 둘 하나

15 구 팔 칠 육 오 사 삼 이 일

16 9 8 7 6 5 4 3 2 1

17 아홉 여덟 일곱 여섯 다섯 넷 셋 둘 하나

18 구 팔 칠 육 오 사 삼 이 일

6 몇째 알아보기(1)

학습 날짜
월
일

순서를 나타낼 때에는 첫째, 둘째, 셋째, 넷째, 다섯째, 여섯째, 일곱째, 여덟째, 아홉째로 나타냅니다.

계산은 빠르고 정확하게!

걸린 시간	1~4분	4~6분	6~9분
맞은 개수	16~17개	13~15개	1~12개
평가	참 잘했어요.	잘했어요.	좀더 노력해요.

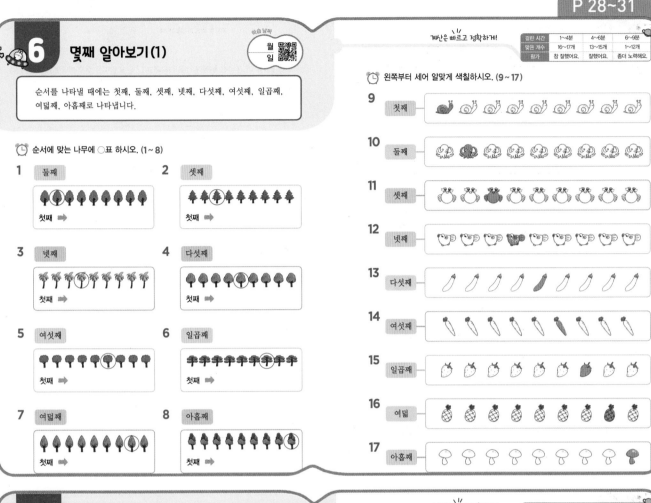

순서에 맞는 나무에 ○표 하시오. (1~8)

왼쪽부터 세어 알맞게 색칠하시오. (9~17)

6 몇째 알아보기(2)

학습 날짜
월 일

계산은 빠르고 정확하게!

걸린 시간	1~7분	7~10분	10~15분
맞은 개수	13~14개	10~12개	1~9개
평가	참 잘했어요.	잘했어요.	좀더 노력해요.

(보기)와 같이 알맞게 색칠하시오. (1~6)

순서에 맞도록 빈 곳에 알맞은 말을 써넣으시오. (7~10)

알맞은 수에 ○표 하시오. (11~14)

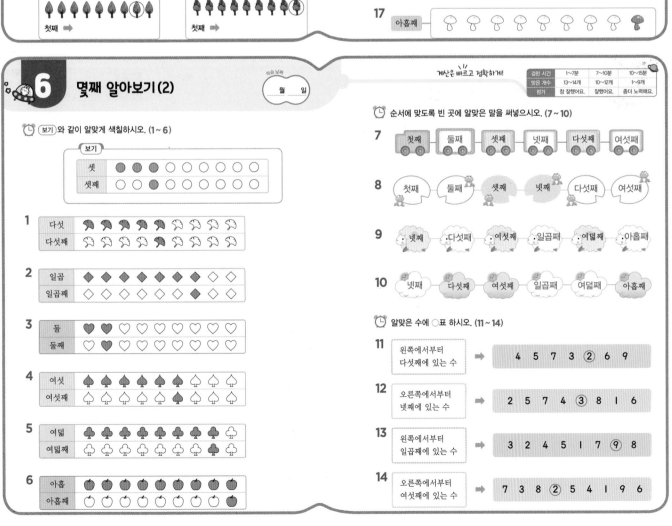

A-1 **7**

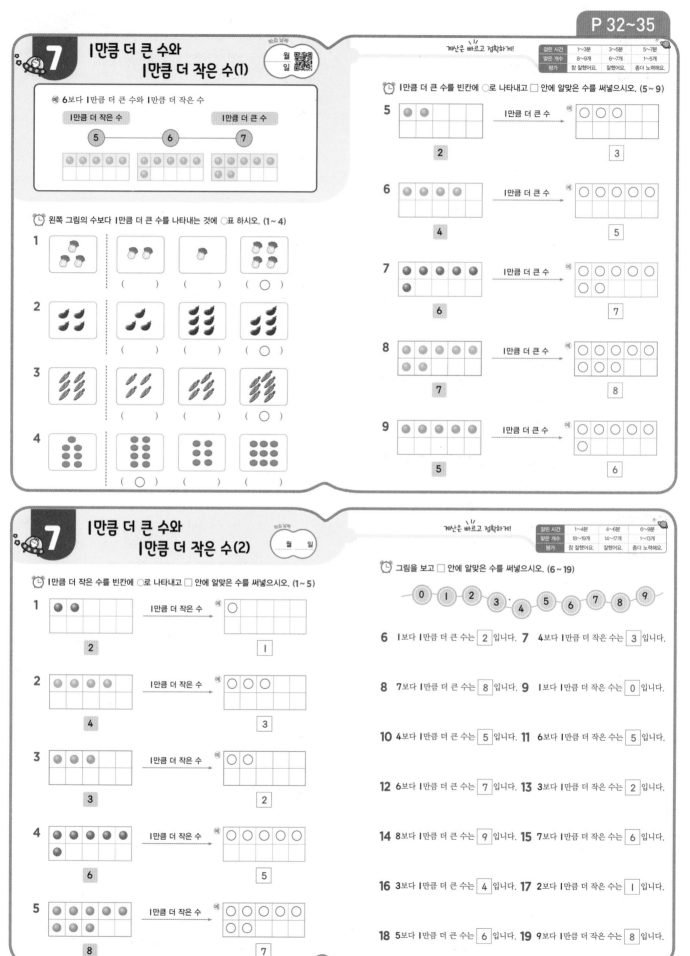

7 l만큼 더 큰 수와 l만큼 더 작은 수(1)

예) 6보다 l만큼 더 큰 수와 l만큼 더 작은 수

l만큼 더 작은 수 ─ (5) ─── (6) ─── (7) ─ l만큼 더 큰 수

계산은 빠르고 정확하게!

걸린 시간	1~3분	3~5분	5~7분
맞은 개수	8~9개	6~7개	1~5개
평가	참 잘했어요.	잘했어요.	좀더 노력해요.

왼쪽 그림의 수보다 l만큼 더 큰 수를 나타내는 것에 ○표 하시오. (1~4)

1. ( ) ( ) (○)
2. ( ) ( ) (○)
3. ( ) ( ) (○)
4. (○) ( ) ( )

l만큼 더 큰 수를 빈칸에 ○로 나타내고 □ 안에 알맞은 수를 써넣으시오. (5~9)

5. 2 → l만큼 더 큰 수 → 3
6. 4 → l만큼 더 큰 수 → 5
7. 6 → l만큼 더 큰 수 → 7
8. 7 → l만큼 더 큰 수 → 8
9. 5 → l만큼 더 큰 수 → 6

7 l만큼 더 큰 수와 l만큼 더 작은 수(2)

계산은 빠르고 정확하게!

걸린 시간	1~4분	4~6분	6~9분
맞은 개수	18~19개	14~17개	1~13개
평가	참 잘했어요.	잘했어요.	좀더 노력해요.

l만큼 더 작은 수를 빈칸에 ○로 나타내고 □ 안에 알맞은 수를 써넣으시오. (1~5)

1. 2 → l만큼 더 작은 수 → l
2. 4 → l만큼 더 작은 수 → 3
3. 3 → l만큼 더 작은 수 → 2
4. 6 → l만큼 더 작은 수 → 5
5. 8 → l만큼 더 작은 수 → 7

그림을 보고 □ 안에 알맞은 수를 써넣으시오. (6~19)

0 l 2 3 4 5 6 7 8 9

6. l보다 l만큼 더 큰 수는 2 입니다. 7. 4보다 l만큼 더 작은 수는 3 입니다.

8. 7보다 l만큼 더 큰 수는 8 입니다. 9. l보다 l만큼 더 작은 수는 0 입니다.

10. 4보다 l만큼 더 큰 수는 5 입니다. 11. 6보다 l만큼 더 작은 수는 5 입니다.

12. 6보다 l만큼 더 큰 수는 7 입니다. 13. 3보다 l만큼 더 작은 수는 2 입니다.

14. 8보다 l만큼 더 큰 수는 9 입니다. 15. 7보다 l만큼 더 작은 수는 6 입니다.

16. 3보다 l만큼 더 큰 수는 4 입니다. 17. 2보다 l만큼 더 작은 수는 l 입니다.

18. 5보다 l만큼 더 큰 수는 6 입니다. 19. 9보다 l만큼 더 작은 수는 8 입니다.

8 두 수의 크기 비교(1)

월 일

(1) 하나씩 짝지어서 수의 크기를 비교하기

6 ○○○○○○ · 6은 5보다 큽니다.
5 ●●●●● · 5는 6보다 작습니다.

(2) 수의 순서를 이용하여 크기 비교하기

0 l 2 3 4 5 6 7 8 9

① 8은 6보다 뒤에 있습니다. ➡ 8은 6보다 큽니다.
② 6은 8보다 앞에 있습니다. ➡ 6은 8보다 작습니다.

□ 안에 알맞은 수를 써넣고 알맞은 말에 ○표 하시오. (1~4)

1
| 3 | 5 |

(1) 3은 5 보다 (큽니다 , (작습니다)).
(2) 5 는 3보다 ((큽니다) , 작습니다).

2
| 4 | 3 |

(1) 4는 3 보다 ((큽니다) , 작습니다).
(2) 3 은 4보다 (큽니다 , (작습니다)).

3
| 6 | 9 |

(1) 6은 9 보다 (큽니다 , (작습니다)).
(2) 9 는 6보다 ((큽니다) , 작습니다).

4
| 7 | 4 |

(1) 7은 4 보다 ((큽니다) , 작습니다).
(2) 4 는 7보다 (큽니다 , (작습니다)).

계산은 빠르고 정확하게!

걸린 시간	1~5분	5~7분	7~10분
맞은 개수	9~10개	7~8개	1~6개
평가	참 잘했어요.	잘했어요.	좀더 노력해요.

수만큼 색칠하고 더 큰 수에 △표 하시오. (5~7)

5 ④ / ⑦

6 ⑥ / ④

7 ⑤ / ③

수만큼 색칠하고 더 작은 수에 △표 하시오. (8~10)

8 ⑤ / ⑧

9 ⑦ / ⑤

10 ② / ③

---

8 두 수의 크기 비교(2)

공부한 날짜
월 일

□ 안에 알맞은 수를 써넣으시오. (1~4)

1
7 은 5 보다 큰 수입니다.
5 는 7 보다 작은 수입니다.

2
6 은 4 보다 큰 수입니다.
4 는 6 보다 작은 수입니다.

3
8 은 5 보다 큰 수입니다.
5 는 8 보다 작은 수입니다.

4
9 는 7 보다 큰 수입니다.
7 은 9 보다 작은 수입니다.

계산은 빠르고 정확하게!

걸린 시간	1~6분	6~8분	8~10분
맞은 개수	27~28개	20~26개	1~19개
평가	참 잘했어요	잘했어요	좀더 노력해요

더 큰 수에 ○표 하시오. (5~16)

5 ⑥ l　　**6** 2 ⑤　　**7** ⑧ 3

8 ⑤ 4　　**9** ⑦ 5　　**10** 8 ⑨

11 ④ 2　　**12** 7 ⑨　　**13** ⑦ 4

14 4 ⑥　　**15** 3 ⑦　　**16** ② 0

더 작은 수에 △표 하시오. (17~28)

17 △2 5　　**18** 7 △5　　**19** △5 8

20 3 △2　　**21** 9 △7　　**22** 4 △3

23 △6 8　　**24** 6 △0　　**25** 9 △6

26 △5 9　　**27** △3 8　　**28** 6 △5

A-1 **9**

정답

9 세 수의 크기 비교(1)

계산은 빠르고 정확하게!

걸린 시간	1~4분	4~6분	6~8분
맞은 개수	17~18개	13~16개	1~12개
평가	참 잘했어요.	잘했어요.	좀더 노력해요.

(1) 먼저 두 수씩 비교한 후 가장 큰 수와 가장 작은 수를 알아봅니다.
5 7 8 5는 7보다 작고 7은 8보다 작으므로 가장 작은 수는 5이고 가장 큰 수는 8입니다.

(2) 수의 순서를 이용하여 크기 비교하기
0 1 2 3 4 5 6 7 8 9
5, 7, 8 중 가장 앞에 있는 5가 가장 작은 수이고 가장 뒤에 있는 8이 가장 큰 수입니다.

구슬의 수를 세고 세 수 중 가장 큰 수에 ○표, 가장 작은 수에 △표 하시오. (1~6)

1 ⑥ △3 5
2 6 △4 ⑧
3 ⑦ 5 △2
4 △5 7 ⑨
5 4 ⑧ △2
6 △3 ⑧ 5

가장 큰 수에 ○표 하시오. (7~12)

7
8
9
10
11
12

가장 작은 수에 △표 하시오. (13~18)

13
14
15
16
17
18

9 세 수의 크기 비교(2)

계산은 빠르고 정확하게!

걸린 시간	1~4분	4~6분	6~8분
맞은 개수	15~16개	11~14개	1~10개
평가	참 잘했어요.	잘했어요.	좀더 노력해요.

다음 수 중 가장 큰 수와 가장 작은 수를 찾아 쓰시오. (1~8)

1 5 2 4
가장 큰 수 : 5
가장 작은 수 : 2

2 3 7 4
가장 큰 수 : 7
가장 작은 수 : 3

3 7 5 8
가장 큰 수 : 8
가장 작은 수 : 5

4 3 8 4
가장 큰 수 : 8
가장 작은 수 : 3

5 7 9 3
가장 큰 수 : 9
가장 작은 수 : 3

6 5 2 7
가장 큰 수 : 7
가장 작은 수 : 2

7 8 7 9
가장 큰 수 : 9
가장 작은 수 : 7

8 5 3 6
가장 큰 수 : 6
가장 작은 수 : 3

다음 수 중 가장 큰 수와 가장 작은 수를 찾아 쓰시오. (9~16)

9 2 5 7 3
가장 큰 수 : 7
가장 작은 수 : 2

10 3 8 4 2
가장 큰 수 : 8
가장 작은 수 : 2

11 9 8 5 6
가장 큰 수 : 9
가장 작은 수 : 5

12 7 8 2 4
가장 큰 수 : 8
가장 작은 수 : 2

13 3 8 5 1
가장 큰 수 : 8
가장 작은 수 : 1

14 2 6 3 7
가장 큰 수 : 7
가장 작은 수 : 2

15 9 4 6 3
가장 큰 수 : 9
가장 작은 수 : 3

16 7 9 8 6
가장 큰 수 : 9
가장 작은 수 : 6

10 신기한 연산

학습 날짜
월
일

계산은 빠르고 정확하게!

걸린 시간	1~5분	5~7분	7~10분
맞은 개수	15~16개	11~14개	1~10개
평가	참 잘했어요.	잘했어요.	좀더 노력해요.

⏰ 빈칸에 알맞은 수를 써넣으시오. (1~8)

⏰ 다음 수들을 큰 순서대로 쓰고 가장 큰 수에 ○, 가장 작은 수에 △표 하시오. (9~16)

확인 평가

걸린 시간	1~10분	10~13분	13~15분
맞은 개수	31~34개	25~30개	1~24개
평가	참 잘했어요.	잘했어요.	좀더 노력해요.

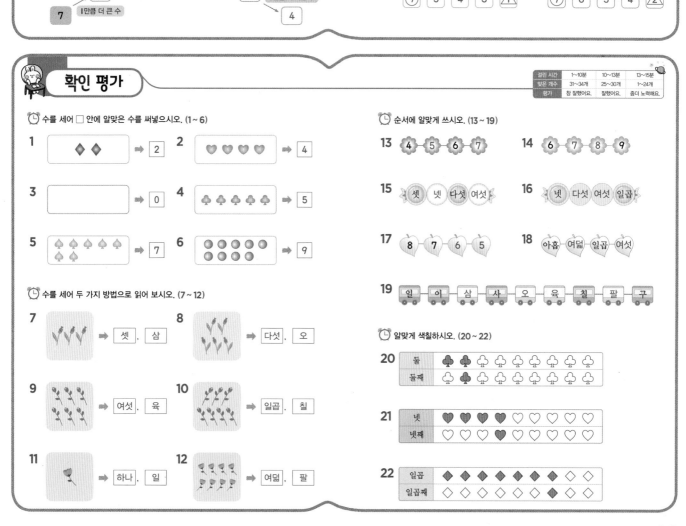

⏰ 수를 세어 □ 안에 알맞은 수를 써넣으시오. (1~6)

⏰ 수를 세어 두 가지 방법으로 읽어 보시오. (7~12)

⏰ 순서에 알맞게 쓰시오. (13~19)

⏰ 알맞게 색칠하시오. (20~22)

정답

 확인 평가

🕐 그림의 수보다 1만큼 더 작은 수를 왼쪽에, 1만큼 더 큰 수를 오른쪽에 쓰시오.
(23 ~ 26)

23 ④ 🐑🐑🐑🐑🐑 ⑥

24 ① 🦉🦉 ③

25 ⑥ 🕊🕊🕊🕊🕊🕊🕊 ⑧

26 ③ 🌸🌸🌸🌸 ⑤

🕐 빈칸에 알맞은 수를 써넣으시오. (27 ~ 30)

27 1만큼 더 작은 수 | 1만큼 더 큰 수
2 — ③ — 4

28 1만큼 더 작은 수 | 1만큼 더 큰 수
5 — ⑥ — 7

29 1만큼 더 작은 수 | 1만큼 더 큰 수
0 — ① — 2

30 1만큼 더 작은 수 | 1만큼 더 큰 수
7 — ⑧ — 9

🕐 가장 큰 수에 ○표, 가장 작은 수에 △표 하시오. (31 ~ 34)

31 ⑦ △② 4

32 8 ⑨ △③

33 ⑤ 4 △

34 △③ ⑦ 6

👑 크라운 온라인 평가 응시 방법

에듀왕닷컴 접속 www.eduwang.com
⮟
메인 상단 메뉴에서 단원평가 클릭
⮟
단계 및 단원 선택
⮟
온라인 단원평가 실시(30분 동안 평가 실시)
⮟
크라운 확인

🐰 각 단원평가를 통해 100점을 받으시면 크라운 1개를 드리며, 획득하신 크라운으로 에듀왕 닷컴에서 판매하고 있는 교재 및 서비스를 무료로 구매하실 수 있습니다.
(크라운 1개 – 1000원)

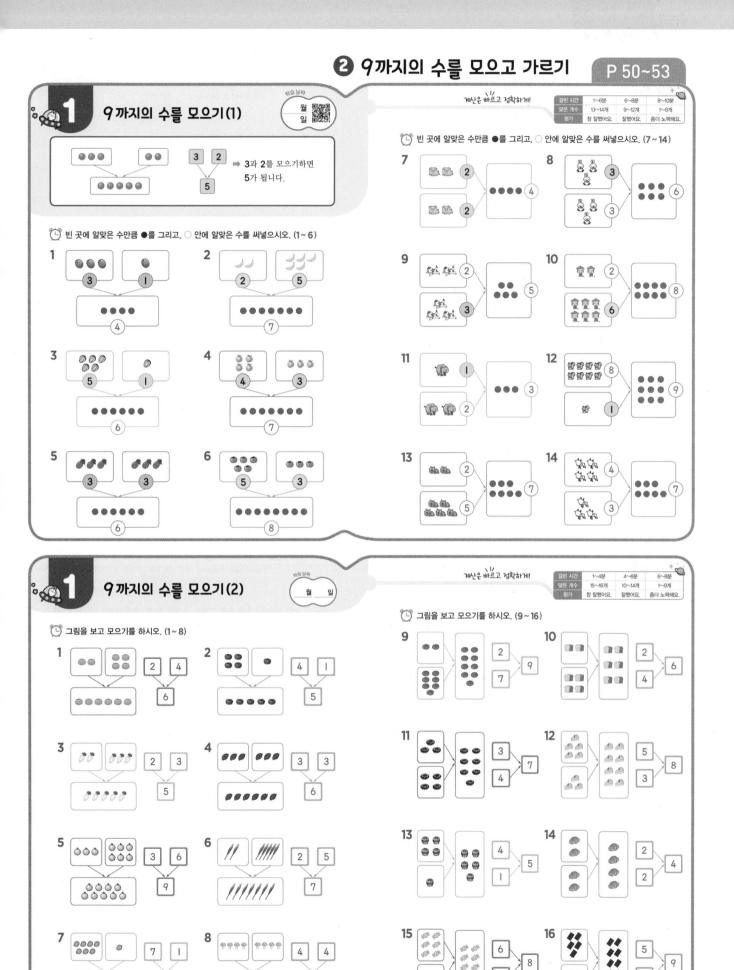

1 9까지의 수를 모으기(1)

3과 2를 모으기하면 5가 됩니다.

빈 곳에 알맞은 수만큼 ●를 그리고, ○ 안에 알맞은 수를 써넣으시오. (1~6)

빈 곳에 알맞은 수만큼 ●를 그리고, ○ 안에 알맞은 수를 써넣으시오. (7~14)

1 9까지의 수를 모으기(2)

그림을 보고 모으기를 하시오. (1~8)

그림을 보고 모으기를 하시오. (9~16)

정답

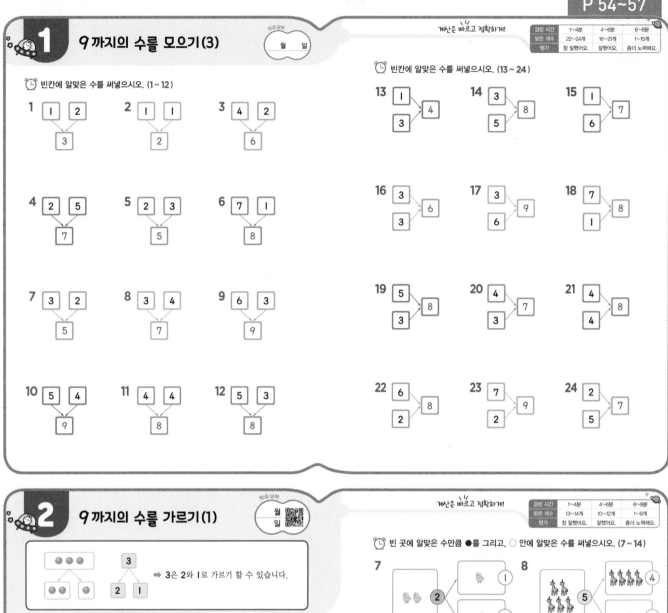

1 9까지의 수를 모으기(3)

월 일

계산은 빠르고 정확하게!

걸린 시간	1~4분	4~6분	6~8분
맞은 개수	22~24개	16~21개	1~15개
평가	참 잘했어요	잘했어요	좀더 노력해요

빈칸에 알맞은 수를 써넣으시오. (1~12)

1 1 2 → 3
2 1 1 → 2
3 4 2 → 6
4 2 5 → 7
5 2 3 → 5
6 7 1 → 8
7 3 2 → 5
8 3 4 → 7
9 6 3 → 9
10 5 4 → 9
11 4 4 → 8
12 5 3 → 8

빈칸에 알맞은 수를 써넣으시오. (13~24)

13 1 / 3 → 4
14 3 / 5 → 8
15 1 / 6 → 7
16 3 / 3 → 6
17 3 / 6 → 9
18 7 / 1 → 8
19 5 / 3 → 8
20 4 / 3 → 7
21 4 / 4 → 8
22 6 / 2 → 8
23 7 / 2 → 9
24 2 / 5 → 7

2 9까지의 수를 가르기(1)

월 일

계산은 빠르고 정확하게!

걸린 시간	1~4분	4~6분	6~8분
맞은 개수	13~14개	10~12개	1~9개
평가	참 잘했어요	잘했어요	좀더 노력해요

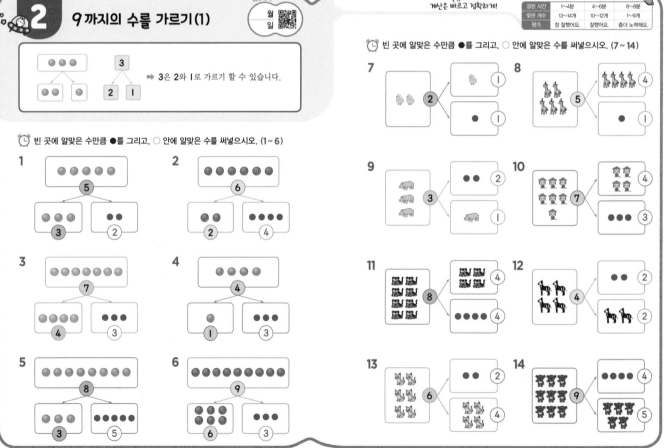

➡ 3은 2와 1로 가르기 할 수 있습니다.

빈 곳에 알맞은 수만큼 ●를 그리고, ○ 안에 알맞은 수를 써넣으시오. (1~6)

빈 곳에 알맞은 수만큼 ●를 그리고, ○ 안에 알맞은 수를 써넣으시오. (7~14)

14 나는 연산왕이다.

2 9까지의 수를 가르기(2)

계산은 빠르고 정확하게!

걸린 시간	1~4분	4~6분	6~8분
맞은 개수	15~16개	10~14개	1~9개
평가	참 잘했어요.	잘했어요.	좀더 노력해요.

🕐 그림을 보고 가르기를 하시오. (1~8)

🕐 그림을 보고 가르기를 하시오. (9~16)

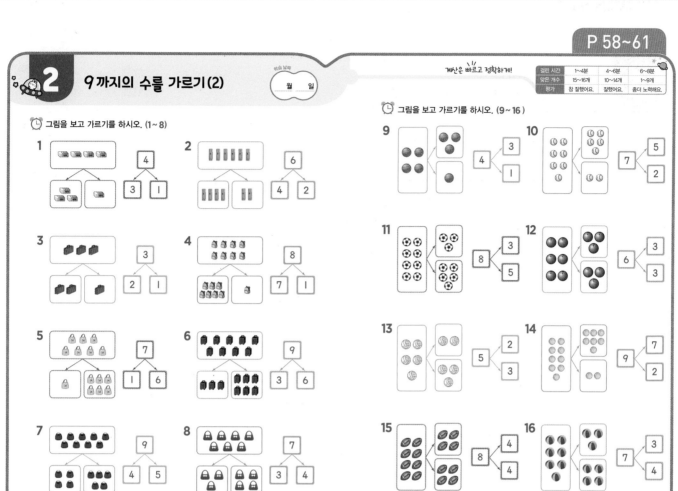

2 9까지의 수를 가르기(3)

계산은 빠르고 정확하게!

걸린 시간	1~4분	4~6분	6~8분
맞은 개수	20~24개	16~19개	1~15개
평가	참 잘했어요.	잘했어요.	좀더 노력해요.

🕐 빈칸에 알맞은 수를 써넣으시오. (1~12)

🕐 빈칸에 알맞은 수를 써넣으시오. (13~24)

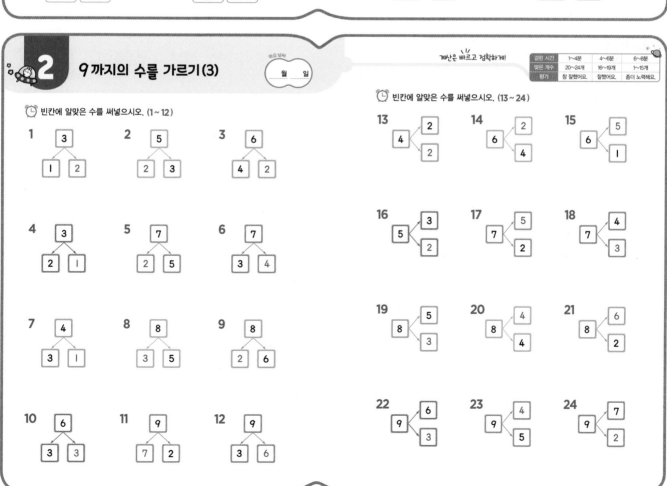

3 여러 가지 방법으로 가르기와 모으기(1)

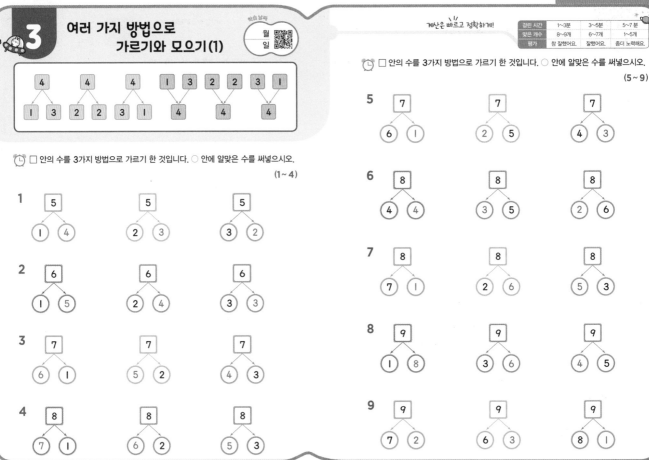

3 여러 가지 방법으로 가르기와 모으기(2)

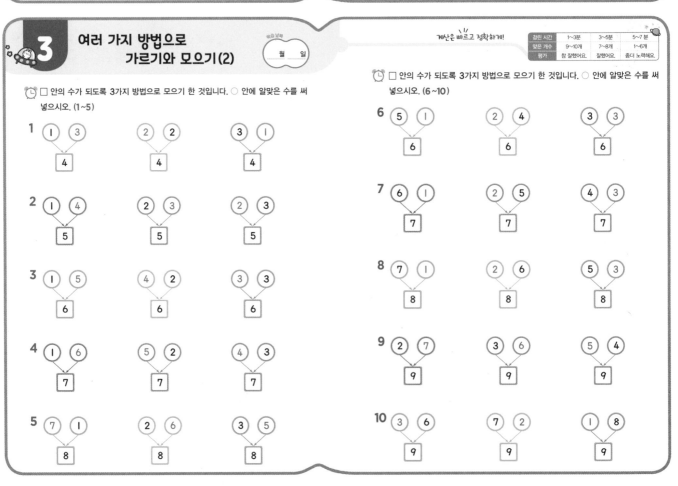

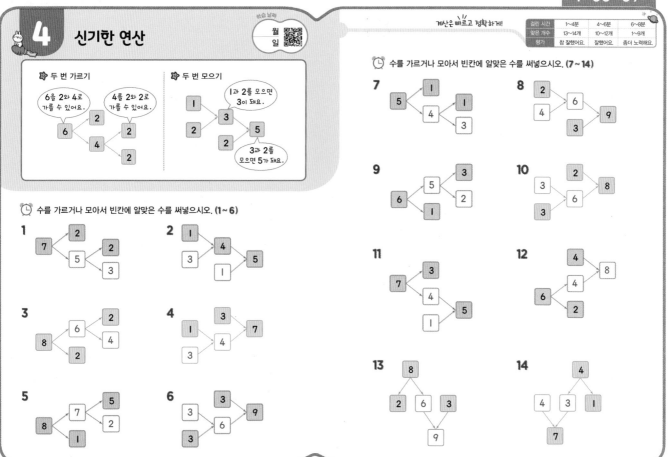

4 신기한 연산

학습 날짜
월
일

✦ 두 번 가르기

6을 2와 4로 가를 수 있어요.

4를 2와 2로 가를 수 있어요.

✦ 두 번 모으기

1과 2를 모으면 3이 돼요.

3과 2를 모으면 5가 돼요.

계산은 빠르고 정확하게!

걸린 시간	1~4분	4~6분	6~8분
맞은 개수	13~14개	10~12개	1~9개
평가	참 잘했어요.	잘했어요.	좀더 노력해요.

⏰ 수를 가르거나 모아서 빈칸에 알맞은 수를 써넣으시오. (1~6)

⏰ 수를 가르거나 모아서 빈칸에 알맞은 수를 써넣으시오. (7~14)

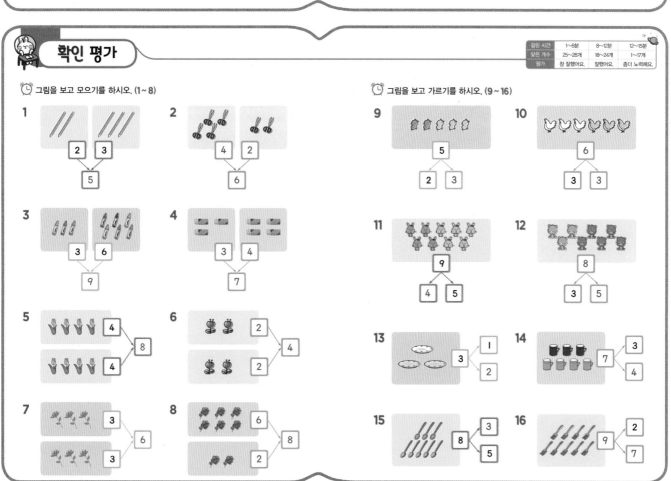

확인 평가

걸린 시간	1~8분	8~12분	12~15분
맞은 개수	25~28개	18~24개	1~17개
평가	참 잘했어요.	잘했어요.	좀더 노력해요.

⏰ 그림을 보고 모으기를 하시오. (1~8)

⏰ 그림을 보고 가르기를 하시오. (9~16)

확인 평가

크라운을 도전하세요

빈칸에 알맞은 수를 써넣으시오. (17 ~ 28)

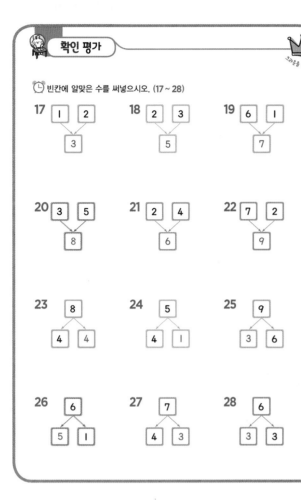

17
| 1 | 2 |
| 3 |

18
| 2 | 3 |
| 5 |

19
| 6 | 1 |
| 7 |

20
| 3 | 5 |
| 8 |

21
| 2 | 4 |
| 6 |

22
| 7 | 2 |
| 9 |

23
| 8 |
| 4 | 4 |

24
| 5 |
| 4 | 1 |

25
| 9 |
| 3 | 6 |

26
| 6 |
| 5 | 1 |

27
| 7 |
| 4 | 3 |

28
| 6 |
| 3 | 3 |

크라운 온라인 평가 응시 방법

에듀왕닷컴 접속 www.eduwang.com

⌄⌄

메인 상단 메뉴에서 단원평가 클릭

⌄⌄

단계 및 단원 선택

⌄⌄

온라인 단원평가 실시(30분 동안 평가 실시)

⌄⌄

크라운 확인

각 단원평가를 통해 100점을 받으시면 크라운 1개를 드리며, 획득하신 크라운으로 에듀왕 닷컴에서 판매하고 있는 교재 및 서비스를 무료로 구매하실 수 있습니다.

(크라운 1개 – 1000원)

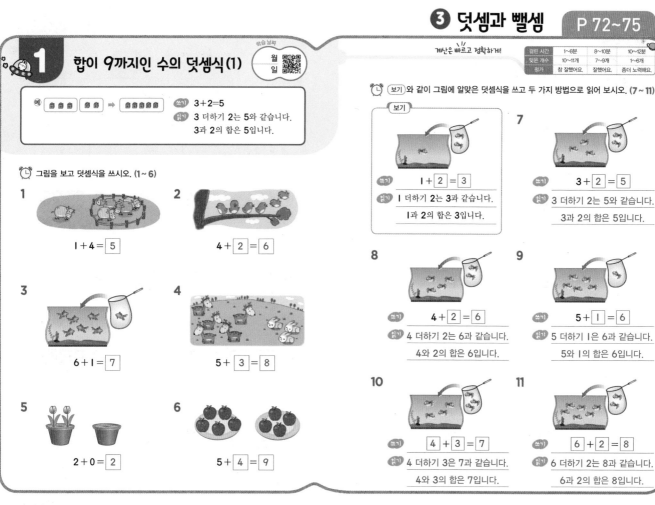

❶ 합이 9까지인 수의 덧셈식(1)

월 일

| 예 | ⇒ | 쓰기 | 3+2=5 |

읽기 3 더하기 2는 5와 같습니다.
3과 2의 합은 5입니다.

그림을 보고 덧셈식을 쓰시오. (1~6)

1   1+4= 5

2   4+ 2 =6

3   6+1= 7

4   5+ 3 =8

5   2+0= 2

6   5+ 4 =9

계산은 빠르고 정확하게!

걸린 시간	1~8분	8~10분	10~12분
맞은 개수	10~11개	7~9개	1~6개
평가	참 잘했어요.	잘했어요.	좀더 노력해요.

보기와 같이 그림에 알맞은 덧셈식을 쓰고 두 가지 방법으로 읽어 보시오. (7~11)

보기

쓰기   1+ 2 = 3

읽기   1 더하기 2는 3과 같습니다.
1과 2의 합은 3입니다.

7   쓰기   3+ 2 = 5

읽기   3 더하기 2는 5와 같습니다.
3과 2의 합은 5입니다.

8   쓰기   4+ 2 = 6

읽기   4 더하기 2는 6과 같습니다.
4와 2의 합은 6입니다.

9   쓰기   5+ 1 = 6

읽기   5 더하기 1은 6과 같습니다.
5와 1의 합은 6입니다.

10   쓰기   4 + 3 = 7

읽기   4 더하기 3은 7과 같습니다.
4와 3의 합은 7입니다.

11   쓰기   6 + 2 = 8

읽기   6 더하기 2는 8과 같습니다.
6과 2의 합은 8입니다.

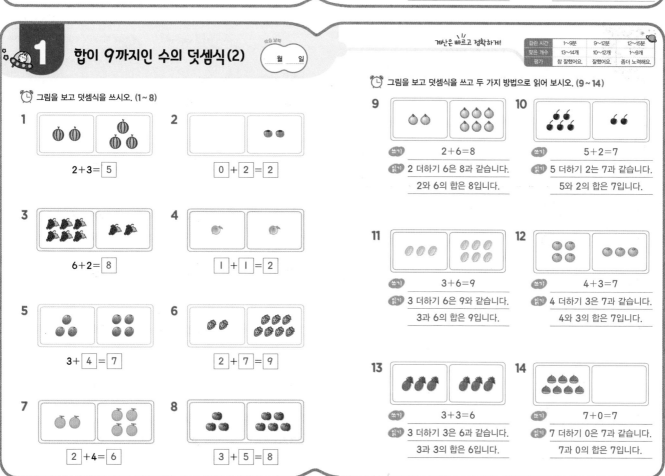

❶ 합이 9까지인 수의 덧셈식(2)

월 일

그림을 보고 덧셈식을 쓰시오. (1~8)

1   2+3= 5

2   0 + 2 = 2

3   6+2= 8

4   1 + 1 = 2

5   3+ 4 = 7

6   2 + 7 = 9

7   2 +4= 6

8   3 + 5 = 8

계산은 빠르고 정확하게!

걸린 시간	1~9분	9~12분	12~15분
맞은 개수	13~14개	10~12개	1~9개
평가	참 잘했어요.	잘했어요.	좀더 노력해요.

그림을 보고 덧셈식을 쓰고 두 가지 방법으로 읽어 보시오. (9~14)

9   쓰기   2+6=8

읽기   2 더하기 6은 8과 같습니다.
2와 6의 합은 8입니다.

10   쓰기   5+2=7

읽기   5 더하기 2는 7과 같습니다.
5와 2의 합은 7입니다.

11   쓰기   3+6=9

읽기   3 더하기 6은 9와 같습니다.
3과 6의 합은 9입니다.

12   쓰기   4+3=7

읽기   4 더하기 3은 7과 같습니다.
4와 3의 합은 7입니다.

13   쓰기   3+3=6

읽기   3 더하기 3은 6과 같습니다.
3과 3의 합은 6입니다.

14   쓰기   7+0=7

읽기   7 더하기 0은 7과 같습니다.
7과 0의 합은 7입니다.

1 합이 9까지인 수의 덧셈식(3)

학습 날짜
월   일

계산은 빠르고 정확하게!

걸린 시간	1~6분	6~9분	9~12분
맞은 개수	27~30개	21~26개	1~20개
평가	참 잘했어요.	잘했어요.	좀더 노력해요.

펼친 손가락의 수를 보고 덧셈식을 쓰시오. (1 ~ 15)

1   1+1= 2

2   1+3= 4

3   1+5= 6

4   2+1= 3

5   2+4= 6

6   2+5= 7

7   3+1= 4

8   3+5= 8

9   3+3= 6

10   0+1= 1

11   4+1= 5

12   4+3= 7

13   5+2= 7

14   5+0= 5

15   5+4= 9

점의 수를 보고 덧셈식을 쓰시오. (16 ~ 30)

16   4+2= 6

17   1+5= 6

18   0+9= 9

19   4+1= 5

20   2+2= 4

21   1+7= 8

22   4+3= 7

23   2+3= 5

24   5+2= 7

25   4+4= 8

26   7+0= 7

27   6+2= 8

28   4+5= 9

29   5+3= 8

30   8+1= 9

2 합이 9까지인 수의 덧셈(1)

학습 날짜
월   일

계산은 빠르고 정확하게!

걸린 시간	1~6분	6~9분	9~12분
맞은 개수	36~39개	28~35개	1~27개
평가	참 잘했어요.	잘했어요.	좀더 노력해요.

• 가로셈
2 + 4 = 6

• 세로셈
```
   2
 + 4
   6
```

덧셈을 하시오. (1 ~ 18)

1   2+3= 5

2   3+5= 8

3   5+2= 7

4   2+2= 4

5   3+6= 9

6   4+4= 8

7   0+7= 7

8   3+0= 3

9   4+3= 7

10   5+0= 5

11   0+1= 1

12   2+5= 7

13   3+4= 7

14   1+8= 9

15   7+1= 8

16   1+6= 7

17   2+7= 9

18   6+2= 8

덧셈을 하시오. (19 ~ 39)

19   3+2= 5

20   0+8= 8

21   4+0= 4

22   3+1= 4

23   0+2= 2

24   2+7= 9

25   1+1= 2

26   3+3= 6

27   5+1= 6

28   1+3= 4

29   3+4= 7

30   5+4= 9

31   1+6= 7

32   3+5= 8

33   7+2= 9

34   2+4= 6

35   3+6= 9

36   8+1= 9

37   4+4= 8

38   2+6= 8

39   5+2= 7

2 합이 9까지인 수의 덧셈(2)

월 일

계산은 빠르고 정확하게!

걸린 시간	1~6분	6~9분	9~12분
맞은 개수	21~23개	17~20개	1~16개
평가	참 잘했어요.	잘했어요.	좀더 노력해요.

수가 순서대로 쓰여 있는 숫자판이 있습니다. 숫자판 위에 말이 놓인 곳의 수와 도미노의 점의 수를 덧셈식으로 나타내시오. (1~8)

1				
	4		
+	3		
	7		

2				
	1		
+	6		
	7		

3				
	5		
+	4		
	9		

4				
	4		
+	4		
	8		

5				
	4		
+	5		
	9		

6				
	7		
+	1		
	8		

7				
	1		
+	8		
	9		

8				
	5		
+	2		
	7		

덧셈을 하시오. (9~23)

9

	3
+	3
	6

10

	2
+	6
	8

11

	5
+	2
	7

12

	8
+	0
	8

13

	4
+	2
	6

14

	6
+	2
	8

15

	7
+	2
	9

16

	0
+	3
	3

17

	2
+	3
	5

18

	1
+	2
	3

19

	3
+	4
	7

20

	4
+	4
	8

21

	5
+	4
	9

22

	6
+	1
	7

23

	6
+	3
	9

2 합이 9까지인 수의 덧셈(3)

월 일

계산은 빠르고 정확하게!

걸린 시간	1~8분	8~12분	12~16분
맞은 개수	24~26개	18~23개	1~17개
평가	참 잘했어요.	잘했어요.	좀더 노력해요.

주머니 안에 들어 있는 바둑돌의 수를 구하시오. (1~8)

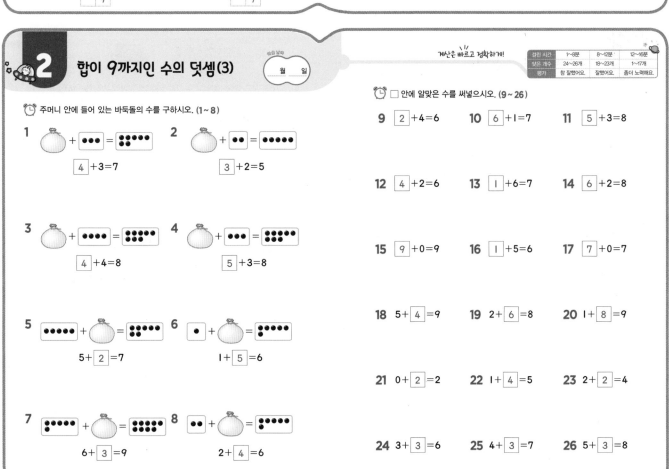

1 [4] +3=7

2 [3] +2=5

3 [4] +4=8

4 [5] +3=8

5 5+ [2] =7

6 1+ [5] =6

7 6+ [3] =9

8 2+ [4] =6

□ 안에 알맞은 수를 써넣으시오. (9~26)

9 [2] +4=6

10 [6] +1=7

11 [5] +3=8

12 [4] +2=6

13 [1] +6=7

14 [6] +2=8

15 [9] +0=9

16 [1] +5=6

17 [7] +0=7

18 5+ [4] =9

19 2+ [6] =8

20 1+ [8] =9

21 0+ [2] =2

22 1+ [4] =5

23 2+ [2] =4

24 3+ [3] =6

25 4+ [3] =7

26 5+ [3] =8

3 한 자리 수의 뺄셈식(1)

바쁜 날짜
월 일

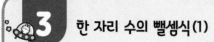
쓰기 4−1=3
읽기 4 빼기 1은 3과 같습니다.
4와 1의 차는 3입니다.

그림을 보고 원숭이가 먹고 남은 바나나는 몇 개인지 뺄셈식을 만들어 보시오.
(1~6)

1
5 − 3 = 2

2
7 − 4 = 3

3
7 − 1 = 6

4
7 − 2 = 5

5
8 − 3 = 5

6
6 − 4 = 2

계산은 빠르고 정확하게!

걸린 시간	1~7분	7~10분	10~13분
맞은 개수	10~11개	7~9개	1~6개
평가	참 잘했어요.	잘했어요.	좀더 노력해요.

보기와 같이 그림에 알맞은 뺄셈식을 쓰고 두 가지 방법으로 읽어 보시오. (7~11)

보기

쓰기 7 − 5 = 2
읽기 7 빼기 5는 2와 같습니다.
7과 5의 차는 2입니다.

7

쓰기 7 − 6 = 1
읽기 7 빼기 6은 1과 같습니다.
7과 6의 차는 1입니다.

8
쓰기 4 − 2 = 2
읽기 4 빼기 2는 2와 같습니다.
4와 2의 차는 2입니다.

9
쓰기 5 − 5 = 0
읽기 5 빼기 5는 0과 같습니다.
5와 5의 차는 0입니다.

10
쓰기 9 − 5 = 4
읽기 9 빼기 5는 4와 같습니다.
9와 5의 차는 4입니다.

11
쓰기 8 − 6 = 2
읽기 8 빼기 6은 2와 같습니다.
8과 6의 차는 2입니다.

3 한 자리 수의 뺄셈식(2)

바쁜 날짜
월 일

그림을 보고 뺄셈식을 쓰시오. (1~8)

1
5−2= 3

2
6−3= 3

3
3− 0 = 3

4
5− 3 = 2

5
7−4= 3

6
6− 1 = 5

7
9 − 5 = 4

8
8 − 6 = 2

계산은 빠르고 정확하게!

걸린 시간	1~8분	8~12분	12~16분
맞은 개수	13~14개	9~12개	1~8개
평가	참 잘했어요.	잘했어요.	좀더 노력해요.

그림을 보고 뺄셈식을 쓰고 두 가지 방법으로 읽어 보시오. (9~14)

9
쓰기 3−1=2
읽기 3 빼기 1은 2와 같습니다.
3과 1의 차는 2입니다.

10
쓰기 5−2=3
읽기 5 빼기 2는 3과 같습니다.
5와 2의 차는 3입니다.

11
쓰기 6−3=3
읽기 6 빼기 3은 3과 같습니다.
6과 3의 차는 3입니다.

12
쓰기 7−5=2
읽기 7 빼기 5는 2와 같습니다.
7과 5의 차는 2입니다.

13
쓰기 8−5=3
읽기 8 빼기 5는 3과 같습니다.
8과 5의 차는 3입니다.

14
쓰기 9−7=2
읽기 9 빼기 7은 2와 같습니다.
9와 7의 차는 2입니다.

3 한 자리 수의 뺄셈식(3)

월 일

🕐 그림을 보고 뺄셈식을 만들어 보시오. (1~8)

1 4 − 3 = 1

2 5 − 2 = 3

3 6 − 2 = 4

4 7 − 3 = 4

5 7 − 1 = 6

6 7 − 2 = 5

7 8 − 2 = 6

8 9 − 3 = 6

🕐 점의 수를 보고 뺄셈식을 쓰시오. (9~23)

9 6−1= 5 **10** 5−3= 2 **11** 2−0= 2

12 7−2= 5 **13** 5−3= 2 **14** 4−3= 1

15 6−3= 3 **16** 7−3= 4 **17** 6−6= 0

18 6−4= 2 **19** 8−2= 6 **20** 7−4= 3

21 7−5= 2 **22** 9−3= 6 **23** 9−2= 7

4 한 자리 수의 뺄셈(1)

월 일

• 가로셈
4 − 3 = 1

• 세로셈
  4
− 3
  1

🕐 뺄셈을 하시오. (1~18)

1 5−3= 2 **2** 8−5= 3 **3** 7−2= 5
4 4−4= 0 **5** 9−4= 5 **6** 8−3= 5
7 5−1= 4 **8** 7−3= 4 **9** 8−2= 6
10 4−3= 1 **11** 6−6= 0 **12** 9−0= 9
13 6−2= 4 **14** 9−7= 2 **15** 5−4= 1
16 5−2= 3 **17** 7−5= 2 **18** 9−5= 4

🕐 뺄셈을 하시오. (19~39)

19 4−2= 2 **20** 5−0= 5 **21** 6−3= 3
22 7−6= 1 **23** 6−1= 5 **24** 9−1= 8
25 9−6= 3 **26** 7−7= 0 **27** 8−6= 2
28 9−2= 7 **29** 6−0= 6 **30** 9−9= 0
31 8−0= 8 **32** 4−1= 3 **33** 7−1= 6
34 8−4= 4 **35** 8−1= 7 **36** 9−8= 1
37 9−3= 6 **38** 6−4= 2 **39** 8−7= 1

A-1 23

정답

P 92~95

 4 한 자리 수의 뺄셈(2)

월 일

계산은 빠르고 정확하게!

걸린 시간	1~5분	5~8분	8~11분
맞은 개수	19~21개	14~18개	1~13개
평가	참 잘했어요.	잘했어요.	좀더 노력해요.

주머니에서 손에 든 구슬만큼 꺼내었을 때 주머니에 남아 있는 구슬 수를 구하시오.
(1 ~ 6)

1

$$\begin{array}{r} 7 \\ -\ 5 \\ \hline 2 \end{array}$$

2

$$\begin{array}{r} 6 \\ -\ 2 \\ \hline 4 \end{array}$$

3

$$\begin{array}{r} 7 \\ -\ 7 \\ \hline 0 \end{array}$$

4

$$\begin{array}{r} 7 \\ -\ 4 \\ \hline 3 \end{array}$$

5

$$\begin{array}{r} 9 \\ -\ 4 \\ \hline 5 \end{array}$$

6

$$\begin{array}{r} 8 \\ -\ 1 \\ \hline 7 \end{array}$$

뺄셈을 하시오. (7 ~ 21)

7
$$\begin{array}{r} 5 \\ -\ 2 \\ \hline 3 \end{array}$$

8
$$\begin{array}{r} 6 \\ -\ 4 \\ \hline 2 \end{array}$$

9
$$\begin{array}{r} 9 \\ -\ 1 \\ \hline 8 \end{array}$$

10
$$\begin{array}{r} 8 \\ -\ 5 \\ \hline 3 \end{array}$$

11
$$\begin{array}{r} 4 \\ -\ 3 \\ \hline 1 \end{array}$$

12
$$\begin{array}{r} 9 \\ -\ 6 \\ \hline 3 \end{array}$$

13
$$\begin{array}{r} 8 \\ -\ 3 \\ \hline 5 \end{array}$$

14
$$\begin{array}{r} 9 \\ -\ 2 \\ \hline 7 \end{array}$$

15
$$\begin{array}{r} 7 \\ -\ 3 \\ \hline 4 \end{array}$$

16
$$\begin{array}{r} 5 \\ -\ 0 \\ \hline 5 \end{array}$$

17
$$\begin{array}{r} 8 \\ -\ 8 \\ \hline 0 \end{array}$$

18
$$\begin{array}{r} 6 \\ -\ 5 \\ \hline 1 \end{array}$$

19
$$\begin{array}{r} 8 \\ -\ 4 \\ \hline 4 \end{array}$$

20
$$\begin{array}{r} 9 \\ -\ 5 \\ \hline 4 \end{array}$$

21
$$\begin{array}{r} 8 \\ -\ 6 \\ \hline 2 \end{array}$$

 4 한 자리 수의 뺄셈(3)

월 일

계산은 빠르고 정확하게!

걸린 시간	1~10분	10~13분	13~16분
맞은 개수	29~32개	22~28개	1~21개
평가	참 잘했어요.	잘했어요.	좀더 노력해요.

주머니 안에 들어 있는 바둑돌의 수를 구하시오. (1 ~ 8)

1
$\boxed{5} - 2 = 3$

2
$\boxed{8} - 3 = 5$

3
$\boxed{7} - 4 = 3$

4
$\boxed{9} - 2 = 7$

5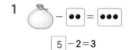
$7 - \boxed{5} = 2$

6
$6 - \boxed{4} = 2$

7
$8 - \boxed{6} = 2$

8
$9 - \boxed{5} = 4$

□ 안에 알맞은 수를 써넣으시오. (9 ~ 32)

9 $\boxed{7} - 3 = 4$

10 $\boxed{4} - 4 = 0$

11 $\boxed{8} - 0 = 8$

12 $\boxed{7} - 5 = 2$

13 $\boxed{9} - 6 = 3$

14 $\boxed{9} - 2 = 7$

15 $\boxed{6} - 4 = 2$

16 $\boxed{6} - 3 = 3$

17 $\boxed{8} - 6 = 2$

18 $\boxed{8} - 3 = 5$

19 $\boxed{4} - 0 = 4$

20 $\boxed{9} - 5 = 4$

21 $3 - \boxed{3} = 0$

22 $7 - \boxed{3} = 4$

23 $9 - \boxed{1} = 8$

24 $7 - \boxed{2} = 5$

25 $5 - \boxed{2} = 3$

26 $8 - \boxed{5} = 3$

27 $6 - \boxed{6} = 0$

28 $6 - \boxed{0} = 6$

29 $5 - \boxed{4} = 1$

30 $9 - \boxed{6} = 3$

31 $7 - \boxed{6} = 1$

32 $8 - \boxed{6} = 2$

5 덧셈식을 보고 뺄셈식 만들기(1)

학습 날짜
월 일

1+3=4를 보고 뺄셈식 만들기	
$1+3=4 \begin{cases} 4-3=1 \\ 4-1=3 \end{cases}$	하나의 덧셈식으로 2개의 뺄셈식을 만들 수 있어요.

계산은 빠르고 정확하게!

걸린 시간	1~6분	6~8분	8~10분
맞은 개수	17~18개	13~16개	1~12개
평가	참 잘했어요.	잘했어요.	좀더 노력해요.

⏰ 덧셈식을 보고 뺄셈식을 만들어 보시오. (1~8)

1 3+2= 5
↓
5 −3=2

2 3+4= 7
↓
7 −3=4

3 2+5= 7
↓
7 −2= 5

4 3+5= 8
↓
8 −3= 5

5 4+2= 6
↓
6 −4= 2

6 4+4= 8
↓
8 −4= 4

7 2+6= 8
↓
8 −2= 6

8 3+6= 9
↓
9 −3= 6

⏰ 덧셈식을 보고 뺄셈식을 만들어 보시오. (9~18)

9 5+1= 6
↓
6 −1=5

10 1+6= 7
↓
7 −6=1

11 3+4= 7
↓
7 −4= 3

12 2+3= 5
↓
5 −3= 2

13 6+2= 8
↓
8 −2= 6

14 4+5= 9
↓
9 −5= 4

15 2+7= 9
↓
9 −7= 2

16 3+5= 8
↓
8 −5= 3

17 4+2= 6
↓
6 −2= 4

18 3+6= 9
↓
9 −6= 3

---

5 덧셈식을 보고 뺄셈식 만들기(2)

학습 날짜
월 일

계산은 빠르고 정확하게!

걸린 시간	1~6분	6~9분	9~12분
맞은 개수	17~18개	14~16개	1~13개
평가	참 잘했어요.	잘했어요.	좀더 노력해요.

⏰ 덧셈식을 보고 뺄셈식을 만들어 보시오. (1~10)

1 2+4= 6 $\begin{cases} 6- 2 =4 \\ 6- 4 =2 \end{cases}$

2 3+2= 5 $\begin{cases} 5- 3 =2 \\ 5- 2 =3 \end{cases}$

3 2+5= 7 $\begin{cases} 7- 2 =5 \\ 7- 5 =2 \end{cases}$

4 6+2= 8 $\begin{cases} 8- 6 =2 \\ 8- 2 =6 \end{cases}$

5 1+7= 8 $\begin{cases} 8- 1 =7 \\ 8- 7 =1 \end{cases}$

6 7+2= 9 $\begin{cases} 9- 7 =2 \\ 9- 2 =7 \end{cases}$

7 3+4= 7 $\begin{cases} 7- 3 =4 \\ 7- 4 =3 \end{cases}$

8 5+4= 9 $\begin{cases} 9- 5 =4 \\ 9- 4 =5 \end{cases}$

9 6+3= 9 $\begin{cases} 9- 6 =3 \\ 9- 3 =6 \end{cases}$

10 5+3= 8 $\begin{cases} 8- 5 =3 \\ 8- 3 =5 \end{cases}$

⏰ 덧셈식을 보고 뺄셈식을 만들어 보시오. (11~18)

11

4+2= 6 $\begin{cases} 6- 4 = 2 \\ 6- 2 = 4 \end{cases}$

12
4+3= 7 $\begin{cases} 7- 4 = 3 \\ 7- 3 = 4 \end{cases}$

13

4+1= 5 $\begin{cases} 5- 4 = 1 \\ 5- 1 = 4 \end{cases}$

14

3+5= 8 $\begin{cases} 8- 3 = 5 \\ 8- 5 = 3 \end{cases}$

15
1+3= 4 $\begin{cases} 4- 1 = 3 \\ 4- 3 = 1 \end{cases}$

16

2+1= 3 $\begin{cases} 3- 2 = 1 \\ 3- 1 = 2 \end{cases}$

17

4+5= 9 $\begin{cases} 9- 4 = 5 \\ 9- 5 = 4 \end{cases}$

18

2+7= 9 $\begin{cases} 9- 2 = 7 \\ 9- 7 = 2 \end{cases}$

정답

6 뺄셈식을 보고 덧셈식 만들기(1)

계산은 빠르고 정확하게!

걸린 시간	1~6분	6~9분	9~12분
맞은 개수	17~18개	13~16개	1~12개
평가	참 잘했어요.	잘했어요.	좀더 노력해요.

5-3=2를 보고 덧셈식 만들기

$5-3=2$ ⟨ $2+3=5$ / $3+2=5$

하나의 뺄셈식을 이용하여 2개의 덧셈식을 만들 수 있어요.

⏰ 뺄셈식을 보고 덧셈식을 만들어 보시오. (9~18)

9 $4-3=\boxed{1}$
↓
$\boxed{1}+3=4$

10 $5-2=\boxed{3}$
↓
$\boxed{3}+2=5$

11 $6-4=\boxed{2}$
↓
$\boxed{2}+4=6$

12 $7-6=\boxed{1}$
↓
$\boxed{1}+6=7$

13 $8-3=\boxed{5}$
↓
$\boxed{5}+3=8$

14 $9-2=\boxed{7}$
↓
$\boxed{7}+2=9$

15 $8-4=\boxed{4}$
↓
$\boxed{4}+4=8$

16 $5-4=\boxed{1}$
↓
$\boxed{1}+4=5$

17 $6-2=\boxed{4}$
↓
$\boxed{4}+2=6$

18 $9-4=\boxed{5}$
↓
$\boxed{5}+4=9$

⏰ 뺄셈식을 보고 덧셈식을 만들어 보시오. (1~8)

1 $5-1=4$
↓
$1+4=\boxed{5}$

2 $7-4=3$
↓
$4+3=\boxed{7}$

3 $6-5=\boxed{1}$
↓
$5+1=\boxed{6}$

4 $8-5=\boxed{3}$
↓
$5+3=\boxed{8}$

5 $8-2=\boxed{6}$
↓
$2+6=\boxed{8}$

6 $9-3=\boxed{6}$
↓
$3+6=\boxed{9}$

7 $7-5=\boxed{2}$
↓
$5+2=\boxed{7}$

8 $7-3=\boxed{4}$
↓
$3+4=\boxed{7}$

6 뺄셈식을 보고 덧셈식 만들기(2)

학습 날짜 월 일

계산은 빠르고 정확하게!

걸린 시간	1~6분	6~9분	9~12분
맞은 개수	17~18개	14~16개	1~13개
평가	참 잘했어요.	잘했어요.	좀더 노력해요.

⏰ 뺄셈식을 보고 덧셈식을 만들어 보시오. (1~10)

1 $5-2=\boxed{3}$ ⟨ $3+\boxed{2}=5$ / $2+\boxed{3}=5$

2 $6-2=\boxed{4}$ ⟨ $4+\boxed{2}=6$ / $2+\boxed{4}=6$

3 $7-1=\boxed{6}$ ⟨ $6+\boxed{1}=7$ / $1+\boxed{6}=7$

4 $7-3=\boxed{4}$ ⟨ $4+\boxed{3}=7$ / $3+\boxed{4}=7$

5 $8-3=\boxed{5}$ ⟨ $5+\boxed{3}=8$ / $3+\boxed{5}=8$

6 $6-5=\boxed{1}$ ⟨ $1+\boxed{5}=6$ / $5+\boxed{1}=6$

7 $7-5=\boxed{2}$ ⟨ $2+\boxed{5}=7$ / $5+\boxed{2}=7$

8 $9-2=\boxed{7}$ ⟨ $7+\boxed{2}=9$ / $2+\boxed{7}=9$

9 $9-4=\boxed{5}$ ⟨ $5+\boxed{4}=9$ / $4+\boxed{5}=9$

10 $9-3=\boxed{6}$ ⟨ $6+\boxed{3}=9$ / $3+\boxed{6}=9$

⏰ 뺄셈식을 보고 덧셈식을 만들어 보시오. (11~18)

11

$5-3=2$ ⟨ $2+\boxed{3}=5$ / $\boxed{3}+2=5$

12

$3-2=\boxed{1}$ ⟨ $\boxed{1}+2=\boxed{3}$ / $2+1=\boxed{3}$

13

$5-1=\boxed{4}$ ⟨ $\boxed{4}+1=5$ / $1+\boxed{4}=5$

14

$5-0=\boxed{5}$ ⟨ $5+\boxed{0}=5$ / $\boxed{0}+5=5$

15

$7-2=\boxed{5}$ ⟨ $5+\boxed{2}=7$ / $\boxed{2}+5=7$

16

$8-5=\boxed{3}$ ⟨ $\boxed{3}+5=\boxed{8}$ / $5+\boxed{3}=8$

17

$9-3=\boxed{6}$ ⟨ $\boxed{6}+3=\boxed{9}$ / $3+\boxed{6}=9$

18

$8-2=\boxed{6}$ ⟨ $\boxed{6}+2=\boxed{8}$ / $2+\boxed{6}=8$

7 세 수의 덧셈과 뺄셈 (1)

학습 날짜
월
일

세 수의 덧셈과 뺄셈은 앞에서부터 차례로 계산합니다.

$4+2+1=6+1=7$
$\underset{6}{\vee}$

$4+2-1=6-1=5$
$\underset{6}{\vee}$

$4-2-1=2-1=1$
$\underset{2}{\vee}$

$4-2+1=2+1=3$
$\underset{2}{\vee}$

⏰ 덧셈식을 만들어 보시오. (1~6)

1

$2 + 3 + 1 = 6$

2
$4 + 2 + 2 = 8$

3

$3 + 3 + 1 = 7$

4

$3 + 1 + 2 = 6$

5

$5 + 1 + 3 = 9$

6

$2 + 4 + 2 = 8$

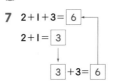 계산은 빠르고 정확하게!

걸린 시간	1~5분	5~7분	7~9분
맞은 개수	13~14개	9~12개	1~8개
평가	참 잘했어요.	잘했어요.	좀더 노력해요.

⏰ 계산을 하시오. (7~14)

7 $2+1+3=\boxed{6}$
$2+1=\boxed{3}$
$\downarrow$
$\boxed{3}+3=\boxed{6}$

8 $2+3+2=\boxed{7}$
$2+3=\boxed{5}$
$\downarrow$
$\boxed{5}+2=\boxed{7}$

9 $3+1+3=\boxed{7}$
$3+1=\boxed{4}$
$\downarrow$
$\boxed{4}+3=\boxed{7}$

10 $1+4+3=\boxed{8}$
$1+4=\boxed{5}$
$\downarrow$
$\boxed{5}+3=\boxed{8}$

11 $4+2+1=\boxed{7}$
$4+2=\boxed{6}$
$\downarrow$
$\boxed{6}+1=\boxed{7}$

12 $2+4+2=\boxed{8}$
$2+4=\boxed{6}$
$\downarrow$
$\boxed{6}+2=\boxed{8}$

13 $2+5+2=\boxed{9}$
$2+5=\boxed{7}$
$\downarrow$
$\boxed{7}+2=\boxed{9}$

14 $5+3+1=\boxed{9}$
$5+3=\boxed{8}$
$\downarrow$
$\boxed{8}+1=\boxed{9}$

---

7 세 수의 덧셈과 뺄셈 (2)

학습 날짜
월 일

⏰ 남은 구슬의 수를 알아보는 뺄셈식을 쓰시오. (1~8)

1
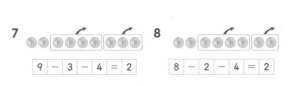
$7 - 1 - 1 = 5$

2
$6 - 2 - 2 = 2$

3

$7 - 2 - 1 = 4$

4
$6 - 2 - 3 = 1$

5

$8 - 3 - 1 = 4$

6
$7 - 2 - 3 = 2$

7
$9 - 3 - 4 = 2$

8
$8 - 2 - 4 = 2$

 계산은 빠르고 정확하게!

걸린 시간	1~6분	6~8분	8~10분
맞은 개수	15~16개	11~14개	1~10개
평가	참 잘했어요.	잘했어요.	좀더 노력해요.

⏰ 계산을 하시오. (9~16)

9 $5-2-1=\boxed{2}$
$5-2=\boxed{3}$
$\downarrow$
$\boxed{3}-1=\boxed{2}$

10 $6-3-2=\boxed{1}$
$6-3=\boxed{3}$
$\downarrow$
$\boxed{3}-2=\boxed{1}$

11 $7-2-3=\boxed{2}$
$7-2=\boxed{5}$
$\downarrow$
$\boxed{5}-3=\boxed{2}$

12 $7-4-2=\boxed{1}$
$7-4=\boxed{3}$
$\downarrow$
$\boxed{3}-2=\boxed{1}$

13 $8-3-3=\boxed{2}$
$8-3=\boxed{5}$
$\downarrow$
$\boxed{5}-3=\boxed{2}$

14 $8-4-2=\boxed{2}$
$8-4=\boxed{4}$
$\downarrow$
$\boxed{4}-2=\boxed{2}$

15 $9-2-4=\boxed{3}$
$9-2=\boxed{7}$
$\downarrow$
$\boxed{7}-4=\boxed{3}$

16 $9-3-3=\boxed{3}$
$9-3=\boxed{6}$
$\downarrow$
$\boxed{6}-3=\boxed{3}$

7 세 수의 덧셈과 뺄셈 (3)

월 일

계산은 빠르고 정확하게!

걸린 시간	1~6분	6~9분	9~12분
맞은 개수	15~16개	11~14개	1~10개
평가	참 잘했어요.	잘했어요.	좀더 노력해요.

계산을 하시오. (1~8)

1 5+2−3= 4
5+2= 7
7−3= 4

2 6+2−4= 4
6+2= 8
8−4= 4

3 4+2−3= 3
4+2= 6
6−3= 3

4 3+3−4= 2
3+3= 6
6−4= 2

5 7+2−4= 5
7+2= 9
9−4= 5

6 8+1−3= 6
8+1= 9
9−3= 6

7 6+3−2= 7
6+3= 9
9−2= 7

8 5+3−6= 2
5+3= 8
8−6= 2

계산을 하시오. (9~16)

9 2+6−3= 5
2+6= 8
8−3= 5

10 3+4−5= 2
3+4= 7
7−5= 2

11 2+5−4= 3
2+5= 7
7−4= 3

12 1+7−4= 4
1+7= 8
8−4= 4

13 3+6−2= 7
3+6= 9
9−2= 7

14 4+3−2= 5
4+3= 7
7−2= 5

15 2+7−5= 4
2+7= 9
9−5= 4

16 3+5−4= 4
3+5= 8
8−4= 4

7 세 수의 덧셈과 뺄셈 (4)

월 일

계산은 빠르고 정확하게!

걸린 시간	1~6분	6~9분	9~12분
맞은 개수	15~16개	11~14개	1~10개
평가	참 잘했어요.	잘했어요.	좀더 노력해요.

계산을 하시오. (1~8)

1 8−4+3= 7
8−4= 4
4+3= 7

2 5−2+3= 6
5−2= 3
3+3= 6

3 8−6+1= 3
8−6= 2
2+1= 3

4 6−2+4= 8
6−2= 4
4+4= 8

5 7−4+2= 5
7−4= 3
3+2= 5

6 8−6+7= 9
8−6= 2
2+7= 9

7 7−5+4= 6
7−5= 2
2+4= 6

8 6−5+7= 8
6−5= 1
1+7= 8

계산을 하시오. (9~16)

9 5−3+6= 8
5−3= 2
2+6= 8

10 4−3+7= 8
4−3= 1
1+7= 8

11 8−5+4= 7
8−5= 3
3+4= 7

12 6−4+5= 7
6−4= 2
2+5= 7

13 7−2+3= 8
7−2= 5
5+3= 8

14 8−5+3= 6
8−5= 3
3+3= 6

15 4−2+6= 8
4−2= 2
2+6= 8

16 9−6+5= 8
9−6= 3
3+5= 8

8 신기한 연산(1)

월
일

걸린 시간	1~6분	6~9분	9~12분
맞은 개수	13~14개	9~12개	1~8개
평가	참 잘했어요	잘했어요	좀더 노력해요

계산은 빠르고 정확하게!

⏰ 위에서 아래로, 왼쪽에서 오른쪽으로 두 수의 합을 구하시오. (1~6)

1
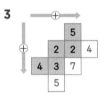
$3+1=4$
$2+3=5$
$4+1=5$
$3+3=6$

2
$3+1=4$
$5+0=5$
$4+1=5$
$3+0=3$

3
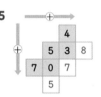

4
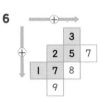

5

6

⏰ 위에서 아래로, 왼쪽에서 오른쪽으로 두 수의 차를 구하시오. (7~14)

7
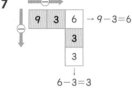
$9-3=6$
$6-3=3$

8
$9-6=3$
$3-0=3$

9

10
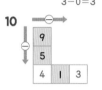

11

12

13

14

---

8 신기한 연산(2)

월
일

걸린 시간	1~8분	8~12분	12~16분
맞은 개수	9~10개	7~8개	1~6개
평가	참 잘했어요	잘했어요	좀더 노력해요

계산은 빠르고 정확하게!

⏰ 세 수를 이용하여 덧셈식 2개와 뺄셈식 2개를 만들어 보시오. (1~5)

1 [3] [5] [8]
$3+5=8$, $5+3=8$
$8-3=5$, $8-5=3$

2 [4] [9] [5]
$4+5=9$, $5+4=9$
$9-4=5$, $9-5=4$

3 [3] [7] [4]
$3+4=7$, $4+3=7$
$7-3=4$, $7-4=3$

4 [9] [1] [8]
$1+8=9$, $8+1=9$
$9-1=8$, $9-8=1$

5 [2] [3] [5]
$2+3=5$, $3+2=5$
$5-2=3$, $5-3=2$

⏰ 세 수를 이용하여 덧셈식 2개와 뺄셈식 2개를 만들어 보시오. (6~10)

6 [2] [6] [8]
$2+6=8$, $6+2=8$
$8-2=6$, $8-6=2$

7 [9] [2] [7]
$2+7=9$, $7+2=9$
$9-2=7$, $9-7=2$

8 [3] [9] [6]
$3+6=9$, $6+3=9$
$9-6=3$, $9-3=6$

9 [5] [2] [7]
$2+5=7$, $5+2=7$
$7-2=5$, $7-5=2$

10 [4] [6] [2]
$2+4=6$, $4+2=6$
$6-4=2$, $6-2=4$

정답

확인 평가

걸린 시간	1~10분	10~13분	13~16분
맞은 개수	29~32개	23~28개	1~22개
평가	참 잘했어요.	잘했어요.	좀더 노력해요.

그림을 보고 덧셈식을 쓰시오. (1~2)

1
$3 + 2 = 5$

2
$4 + 4 = 8$

그림을 보고 뺄셈식을 쓰시오. (11~12)

11
$6 - 2 = 4$

12
$9 - 3 = 6$

그림에 알맞은 덧셈식을 쓰고 두 가지 방법으로 읽어 보시오. (3~4)

3
쓰기 $5+1=6$
읽기 5 더하기 1은 6과 같습니다.
5와 1의 합은 6입니다.

4
쓰기 $6+3=9$
읽기 6 더하기 3은 9와 같습니다.
6과 3의 합은 9입니다.

그림에 알맞은 뺄셈식을 쓰고 두 가지 방법으로 읽어 보시오. (13~14)

13
쓰기 $5-3=2$
읽기 5 빼기 3은 2와 같습니다.
5와 3의 차는 2입니다.

14
쓰기 $7-4=3$
읽기 7 빼기 4는 3과 같습니다.
7과 4의 차는 3입니다.

덧셈을 하시오. (5~10)

5 $5+3=8$　**6** $2+4=6$　**7** $6+0=6$

8
	4
+	3
	7

9
	4
+	5
	9

10
	2
+	5
	7

뺄셈을 하시오. (15~20)

15 $6-5=1$　**16** $8-2=6$　**17** $3-0=3$

18
	8
−	3
	5

19
	6
−	4
	2

20
	9
−	2
	7

확인 평가

덧셈식을 보고 뺄셈식을 만들어 보시오. (21~24)

21 $4+2=6$ → $6-4=2$
22 $5+1=6$ → $6-1=5$
23 $2+5=7$ → $7-2=5$
24 $6+2=8$ → $8-2=6$

뺄셈식을 보고 덧셈식을 만들어 보시오. (25~28)

25 $5-4=1$ → $4+1=5$
26 $6-2=4$ → $4+2=6$
27 $7-3=4$ → $3+4=7$
28 $9-5=4$ → $4+5=9$

계산을 하시오. (29~32)

29 $5+2+2=9$　**30** $7-2-3=2$
31 $5+3-4=4$　**32** $9-5+3=7$

크라운 온라인 평가 응시 방법

에듀왕닷컴 접속 www.eduwang.com
⊗
메인 상단 메뉴에서 단원평가 클릭
⊗
단계 및 단원 선택
⊗
온라인 단원평가 실시(30분 동안 평가 실시)
⊗
크라운 확인

각 단원평가를 통해 100점을 받으시면 크라운 1개를 드리며, 획득하신 크라운으로 에듀왕 닷컴에서 판매하고 있는 교재 및 서비스를 무료로 구매하실 수 있습니다.
(크라운 1개 - 1000원)

Memo

초등 수학의 기본은 연산력!!

신기한 연산왕

A-1 초1 수준 정답

2 3 4